Les Éditions du Boréal
4447, rue Saint-Denis
Montréal (Québec) H2J 2L2
www.editionsboreal.qc.ca

Le Nouvel Homme nouveau

DU MÊME AUTEUR

L'Ingratitude, conversation sur notre temps (en collaboration avec Alain Finkielkraut), Paris/Montréal, Gallimard/Québec Amérique, 1999 ; coll. « Folio », 2000.

Annuaire du Québec 2006 (en collaboration avec Michel Venne), Montréal, Fides, 2005.

Antoine Robitaille

Le Nouvel Homme nouveau

Voyage dans les utopies
de la posthumanité

Boréal

Les Éditions du Boréal reconnaissent l'aide financière du gouvernement du Canada par l'entremise du Programme d'aide au développement de l'industrie de l'édition (PADIÉ) pour ses activités d'édition et remercient le Conseil des Arts du Canada pour son soutien financier.

Les Éditions du Boréal sont inscrites au Programme d'aide aux entreprises du livre et de l'édition spécialisée de la SODEC et bénéficient du Programme de crédit d'impôt pour l'édition de livres du gouvernement du Québec.

Illustration de la couverture : Chris Harvey/Dreamstime.com

© Les Éditions du Boréal 2007
Dépôt légal : 4ᵉ trimestre 2007
Bibliothèque et Archives nationales du Québec

Diffusion au Canada : Dimedia
Diffusion et distribution en Europe : Volumen

Catalogage avant publication de Bibliothèque et Archives nationales du Québec et Bibliothèque et Archives Canada

Robitaille, Antoine

Le Nouvel Homme nouveau : voyage dans les utopies de la posthumanité

Comprend des réf. bibliogr.

ISBN 978-2-7646-0538-7

1. Technologie et civilisation. 2. Postmodernisme. 3. Humanisme. 4. Liberté – Philosophie. I. Titre.

CB478.R62   2007   303.48'3   C2007-941961-5

À Geneviève

Introduction

Consacrer aujourd'hui un livre aux utopistes de la posthumanité et du transhumanisme semblera sans doute excessif à plusieurs. Les militants de ces « curieux mouvements de libération[1] » sont peu nombreux et peu connus. La World Transhumanist Association (WTA), principale organisation transhumaniste, ne revendique que trois mille membres répartis sur quatre continents. Leurs colloques et congrès ne réunissent qu'une poignée d'entre eux, souvent moins de deux cents. Ce courant de pensée se situe donc clairement dans les marges.

Et pourtant. À la fin des années 1990, j'ai acquis la conviction que les perspectives de ces marginaux comptent, puisqu'elles sont en phase avec plusieurs des rêves et des conceptions de l'être humain qui habitent un nombre croissant, et même majoritaire, d'individus dans les sociétés développées. Un peu comme M. Jourdain, ces derniers font du posthumanisme sans le savoir. Les militants des organisations comme la WTA ne font que radicaliser, pousser le plus loin possible, des idées et des espoirs présents chez nos contemporains : santé parfaite, prolongement de la vie, fusion humain-machine, pharmacopée sur mesure, etc. Ils forgent ainsi de nouvelles utopies bien de notre temps dont l'ambition est d'« affranchir la race humaine de ses limites biologiques[2] ».

C'est il y a dix ans, en 1997, dans un séminaire intitulé « Sciences de la performance sportive à l'aube du XXIe siècle », que s'est produit en moi le vrai choc à l'origine de ce livre. Un conférencier, expert en kinésiologie, avait décrit avec beaucoup d'inquiétude les projets *frankensteiniens* du « dopage génétique », soit la modification du code génétique d'un être humain pour augmenter ses performances sportives. Les muscles d'un coureur ou d'un cycliste seraient « reprogrammés » pour se fatiguer moins rapidement. « L'*homo sapiens* est-il vraiment, comme nous le croyons depuis longtemps, la dernière forme que peut prendre l'être humain ? », avait lancé le conférencier.

Les années suivantes furent fertiles en événements qui rendaient plus prégnante à mes yeux la possibilité d'une posthumanité et la présence des utopies posthumanistes. L'un de ces événements est de nature scientifique : le clonage de la brebis Dolly. Sur les espoirs et les projets scientifiques, cet exploit a eu des effets comparables au premier voyage sur la lune. Couplé au séquençage de l'ADN humain, cet événement a enflammé l'imagination et fondé des espoirs presque infinis de guérison des maladies, mais aussi « d'amélioration » de l'humain.

Autre événement, littéraire celui-là : une œuvre de science-fiction — pour moi, marquante — fut publiée : *Les Particules élémentaires*, dans laquelle Michel Houellebecq imagine la naissance d'un nouvel être, d'une nouvelle espèce.

Exploit scientifique et œuvre littéraire : c'est au carrefour de ces champs — science, technoscience et science-fiction — que logent le transhumanisme et le posthumanisme. Entre la réalité des découvertes dans les labos, les applications qu'on espère pouvoir en tirer et les autres projets qu'elles suscitent. Justement, les posthumanistes ne prennent-ils pas simplement la science-fiction trop au sérieux ? Sans doute. Leurs conceptions de ce qu'est un être humain semblent souvent relever d'un simplisme déconcertant. Par exemple, lorsque certains parlent d'accéder à l'éternité en téléchargeant les « données » d'un cerveau dans un ordinateur très puissant...

Mais est-ce seulement de science-fiction qu'il s'agit ? Je ne le crois pas. Il y a ici échafaudage de véritables *utopies*. Autrement dit, de projets idéalisés d'avenirs humains radicalement différents du présent. Des desseins qui en disent souvent davantage, d'ailleurs, sur ce même présent dans lequel baignent les utopistes que sur le futur, même si celui-ci se trouve souvent en partie déterminé par ces projets radicaux.

Science-fiction et utopie

Il faut bien distinguer science-fiction et utopie. Bien que l'une et l'autre aient en commun cette « volonté de forcer les verrous du temps pour ouvrir sur des espaces éloignés de notre quotidien », écrit l'historienne Yolène Dilas-Rocherieux, la science-fiction est « pressée », avide « d'accélérer le processus de transformation » pour imaginer tout de suite des futurs parfaitement cohérents. « À l'inverse, écrit-elle, l'utopie est "rationnellement raisonnable", hostile au hasard, méthodiquement élaborée entre déconstruction et reconstruction de manière à rompre avec l'ordre en place[3]. »

Rompre avec l'*homo sapiens*, créer un « homme nouveau » : voilà l'utopie des posthumanistes et des transhumanistes que j'ai étudiée dans plusieurs reportages, un documentaire[4] et nombre d'interviews, lesquels constituent la matière de base de ce livre.

Même si les textes posthumanistes et transhumanistes peuvent souvent sembler « ridicules », comme le fait remarquer le philosophe Daniel Jacques, qui a décrit *La Révolution technique*[5] à l'œuvre, ces phénomènes idéologiques sont riches en révélations sur notre temps et aussi sur certains périls qui nous guettent. Produire un « homme nouveau » : il y a là en fait une version contemporaine d'une vieille ambition ; la célèbre formule cesse ici d'être une métaphore. Tout comme « changer la vie », expression que l'on doit interpréter « au sens propre et non plus au sens figuré », comme le proclame un manifeste posthumaniste[6]. *Redesigning Humans*[7], pour reprendre le titre du livre récent d'un généticien américain réputé.

Le philosophe Daniel Tanguay[8] rappelle que, « depuis plus de deux cents ans, plusieurs idéologies politiques ont voulu transformer radicalement les conditions d'existence de l'être humain ». Le communisme a sans doute été l'une des dernières tentatives de ce type. « La déconfiture de cet idéal », précise Tanguay, a créé un « vacuum politique » rempli actuellement au moins en partie par « l'utopie biogénétique », autrement dit le posthumanisme et le transhumanisme, lesquels veulent transformer l'homme dans son essence. « "Régler" le problème humain, non pas dans les conditions sociales ou extérieures, mais à partir de la transformation de l'homme lui-même », conclut Tanguay[9].

Définitions

Posthumanisme et transhumanisme : les deux courants se rejoignent et se confondent. Selon eux, s'il y a eu quelque chose comme une préhumanité avant l'*homo sapiens*, il est maintenant temps d'imaginer la prochaine étape, « après l'*homo sapiens* », la posthumanité, et d'accélérer son avènement, puisque ce sera nécessairement un stade « supérieur ». L'humain est le seul animal ayant actuellement la capacité — qui ne cesse d'augmenter — de peser sur le cours de son évolution, voire de la piloter. Les marxistes prétendaient avoir saisi le sens de l'histoire et pouvoir se glisser aux commandes. Les posthumanistes estiment que, grâce à la robotique, à la bio-informatique, aux neurosciences, à la génomique et aux nanotechnologies, nous nous rendrons maîtres et possesseurs d'un processus d'évolution actuellement aveugle, entièrement livré au hasard.

Selon la World Transhumanist Association, le posthumain

est donc « un être dont les propriétés fondamentales dépassent tellement celles des humains actuels » qu'il ne fait aucun doute qu'il n'est plus humain « au sens où on l'entend actuellement ». Pour l'instant, tout le monde, à commencer par les posthumanistes, ignore quelles formes ces « surhumains » prendraient exactement. Tout ce qu'on imagine, disent-ils, c'est qu'ils seraient plus forts, plus intelligents, plus résistants et qu'ils auraient une espérance de vie presque infinie. Bref, que leur vie serait « meilleure ». En attendant, nous sommes ce qu'on pourrait appeler des transhumains : toujours des « *homo sapiens* », mais en transition vers la posthumanité.

Que serait le posthumain ? Le spécialiste de la science-fiction trouvera incomplète toute liste de posthumains, mais tentons celle-ci : cyborgs[10], surhommes, mutants, androïdes, humanoïdes, hommes bioniques, répliquants[11], etc. Ces êtres ont souvent une part humaine « traditionnelle », quelques tissus, le cerveau, parfois la forme, mais pas toujours. Souvent, ils ont été modifiés génétiquement. Ou alors, ils sont totalement synthétiques. Dans la science-fiction comme dans les utopies posthumanistes, les possibilités semblent illimitées. L'ère posthumaine s'annonce peuplée non seulement d'êtres très dissemblables, mais d'espèces distinctes les unes des autres. La posthumanité sera plurielle…

Des idées portées par de grands noms

Plusieurs, comme le philosophe et historien des sciences français Dominique Lecourt dans *Humain posthumain*[12], se rassurent en affirmant que seuls des « techno-prophètes » un peu fêlés ou des clowns sectaires et fumistes comme Raël ont ce genre d'ambition. C'est pourtant loin d'être le cas. Comme l'observe un journaliste anglais qui s'est penché sur le sujet, « promenez-vous un peu dans les laboratoires de recherche américains et vous entendrez des scientifiques promouvoir le même type d'idées transhumanistes[13] ». Mes visites dans des laboratoires québécois, mes interviews avec plusieurs scientifiques ici et aux États-Unis m'ont conduit à la même conclusion.

De plus, ce sont souvent les grandes voix de la science la plus autorisée qui répandent des idées posthumanistes et transhumanistes. Le codécouvreur de la structure de l'ADN, James Watson, s'interrogeait ainsi en 1998 : « Si nous pouvons produire un être humain meilleur en lui ajoutant des gènes, pourquoi devrions-nous nous empêcher de le faire[14] ? » Lee Silver, célèbre généticien de l'Université de Princeton, a publié un livre au titre éloquent, *Remaking Eden*[15], dans lequel il soutient que la manipulation génétique de l'humain annonce rien de moins que le paradis. William Haseltine, pionnier de la génétique contemporaine et premier pdg de Human Genome Sciences Incorporated (entreprise créée en 1992 avec la mission de développer de nouvelles façons de prévenir et de guérir des maladies génétiques à partir du décryptage du génome), a déclaré au *New York Times* que sa génération « allait être la première dans l'histoire qui réussirait à trouver la voie vers l'immortalité[16] ». À cette liste de scientifiques, il faudrait ajouter les noms de *superstars* dont je parle dans les pages qui suivent, comme l'astrophysicien Stephen Hawking et Ray Kurzweil, professeur au MIT.

Le débat a rapidement été amené dans le domaine philosophique. Penseur renommé, l'Allemand Peter Sloterdijk a fait scandale au tournant du siècle en semblant flirter avec l'idée de la posthumanité. « L'évolution à long terme mènera-t-elle à une réforme génétique des propriétés de l'espèce ? », s'interrogeat-il. « Une anthropotechnologie future atteindra-t-elle le stade d'une planification explicite des caractéristiques ? L'humanité pourra-t-elle accomplir, dans toute son espèce, un passage du fatalisme des naissances à la naissance optionnelle et à la sélection prénatale[17] ? » L'interrogation a relancé, sur le plan philosophique, un débat sur l'humanisme déjà fort ancien. Jürgen Habermas, autre grand philosophe allemand, répliqua à son collègue et adversaire idéologique Sloterdijk par un livre intitulé *L'Avenir de la nature humaine*[18], dans lequel il sonne l'alarme à propos d'un « eugénisme libéral » à venir. Je ne plonge pas directement dans cette querelle, contrairement à plusieurs des auteurs qui se sont penchés sur la question. Je me suis plutôt concentré sur la *réalité* de ces nouvelles utopies, sur les gens qui les promeuvent et sur les façons dont elles s'organisent, se présentent à nous.

Le posthumanisme dans nos pratiques

Des pratiques que nous pouvons très bien considérer comme posthumanistes *dans leur principe* (et que l'on pourrait qualifier de « pré-posthumanistes » si on voulait s'amuser) se répandent et croissent à un rythme impressionnant. Que l'on songe uniquement à la vogue de la chirurgie plastique, à cette *Venus Envy*[19] décrite par Elizabeth Haiken, par laquelle les gens « réalisent » l'utopie du corps dont ils ont toujours rêvé. Dans la troublante émission de télévision *Extreme Make-over*, au réseau américain ABC, on prétend refaire les gens comme on refait des voitures ou des maisons[20]. Or ce type d'émission, véritable infopublicité pour une conception du corps malléable à souhait, s'est multiplié ces dernières années. En 2006, selon l'American Society for Aesthetic Plastic Surgery, les Américains ont dépensé un peu moins de 12,2 milliards de dollars pour 11,5 millions d'opérations de chirurgie esthétique, ce qui représentait une augmentation de 444 % du nombre d'opérations par rapport à 1997.

« L'amélioration du corps » devient une passion contemporaine à plusieurs facettes. On dénote partout un *refus global* du vieillissement. Le terme « mort naturelle » sort tranquillement de l'usage. Un nombre croissant de parents aux États-Unis choisissent le sexe de leurs rejetons. Certains voudraient déterminer leur profil physique ou intellectuel par leurs gènes et réclament des « diagnostics préimplantatoires » pour ce faire. Des hormones de croissance sont prescrites à des enfants qui n'ont aucun problème de taille mais qui désirent simplement être plus grands.

Que dire de notre esprit, nos humeurs, notre tempérament ? La logique de l'amélioration semble jouer ici aussi. Prozac, Ritaline et autres, qui ont été utilisés en masse dans les dernières décennies, pourraient bientôt être « dépassés » par exemple par « des drogues qui annuleront certaines manifestations émotionnelles liées aux souvenirs douloureux ou honteux ».

Un *Extreme Make-over* de l'*homo sapiens* semble en préparation. Certains répondent « oui, et tant mieux ». Ils veulent aller beaucoup plus loin et plus vite dans ce processus décrit par un auteur comme une *Radical Evolution*[21]. Ce livre se penche sur ces personnes, parmi lesquelles se trouvent de nombreux scientifiques qui, consciemment ou non, prennent part à ces courants marginaux. J'ai voulu, par une investigation journalistique (et donc avec une certaine neutralité), m'immerger dans ces courants, décrire, souvent à partir d'un Québec tiraillé entre une Amérique plutôt technophile et une Europe éprise du « principe de précaution », le monde parfait que ces utopistes nous promettent. Et même parfois me laisser questionner par ces visions exaltées du futur qui constituent une part inavouée, inexplorée, de la culture contemporaine.

PREMIÈRE PARTIE

Les quatre voies vers la posthumanité

On pourrait arriver à la posthumanité par la combinaison — insistons sur ce terme — d'au moins quatre voies : 1) le robot sapiens, ou cyborg ; 2) le soma sapiens, ou l'homme pharmaceutique ; 3) l'homme de cinq mille ans, ou l'immortel ; 4) l'homme génétiquement modifié, l'HGM. Je les distingue ici pour les fins de mon propos, mais on peut prédire que si elles sont empruntées, comme certains le souhaitent et le prédisent, elles pourraient bien se croiser, s'enchevêtrer, s'effrayer ou s'émuler, donnant naissance non pas à une seule espèce nouvelle, mais à plusieurs, concurrentes, parmi lesquelles survivraient sans doute les anciens humains (comme les « sauvages » du Meilleur des mondes, confinés dans des « réserves »).

CHAPITRE PREMIER

Robot sapiens ou notre devenir prothèse

Bientôt les êtres humains s'enfuiront hors du monde
Alors s'établira le dialogue des machines.
Et l'informationnel remplira, triomphant,
le cadavre vidé de la structure divine.
Puis il fonctionnera jusqu'à la fin des temps.

MICHEL HOUELLEBECQ[1]

Sommes-nous en train de devenir des robots sapiens ? Est-ce là une « espèce en voie d'apparition », pour reprendre le titre d'un livre récent[2] ? Si, dans quelques décennies, « on vit avec un cœur bionique et certains implants dans notre cerveau, comment se sentira-t-on comme être humain ? », s'interroge le chercheur Rémi Quirion, de l'Institut des neurosciences, de la santé mentale et des toxicomanies (INSMT) à Montréal, lors d'un entretien[3]. « Lorsqu'on aura des électrodes dans le cerveau pour diminuer la douleur ou pour augmenter la locomotion et peut-être, un jour, pour d'autres aspects un peu plus cognitifs ou spirituels, je pense que la question va vraiment s'imposer. »

Steve Austin, astronaute, un homme tout juste vivant. « Mes-

sieurs, nous pouvons le reconstruire, nous en avons la possibilité technique. Nous sommes capables de donner naissance au premier homme bionique. Steve Austin deviendra cet homme. Il sera supérieur à ce qu'il était avant l'accident. Plus fort, plus rapide, en un mot, meilleur. »

Ainsi commençait une des séries télévisées préférées des jeunes garçons de mon âge, dans les années 1970. Certes, ni l'homme bionique de la télé ni Robocop ne sont pour demain matin, comme dit le cliché. Et la prothèse ne fait pas le cyborg. Reste que, de nos jours, non seulement elles se multiplient, ces prothèses, mais elles sont de plus en plus « intelligentes » ; elles s'insèrent dans le corps en interagissant avec certains de ses systèmes, au premier chef le système nerveux.

Une certaine fusion entre l'humain et les machines, entre « chair et métal[4] », se dessine même à l'horizon. Rémi Quirion estime que lorsqu'on sera en mesure d'appliquer les nanotechnologies au monde médical, on pourra remplacer « certaines parties du corps humain par des organes artificiels très très miniaturisés qui vont fonctionner aussi bien, sinon mieux, que le tissu original, que ce soit pour les genoux, que ce soit au niveau cardiaque, que ce soit pour les vaisseaux sanguins ».

Sur cette question, trois positions se dégagent, concluent les auteurs de *Robot sapiens* au terme de leur enquête : « Certains roboticiens pensent que les machines n'atteindront jamais les performances humaines, d'autres qu'elles prendront le pouvoir. Une troisième école leur donne tort à tous en affirmant que, loin de ces fantasmes, ce sont les hommes qui se robotiseront, combinant électroniquement l'extraordinaire conscience d'*homo sapiens* et la presque solidité du corps des robots en une nouvelle créature : Robot sapiens[5]. »

Stimulateurs cardiaques

Mais revenons à aujourd'hui. Le nombre des personnes vivant avec des prothèses ne cesse d'augmenter dans les pays développés. Le cas du stimulateur cardiaque, ou *pacemaker*, est sans doute le plus probant. Il s'agit bien sûr d'un dispositif « intelligent ». Comme me l'a expliqué un chercheur de l'École polytechnique de Montréal, Mohamad Sawan : « Intelligent, ici, vient du mot anglais *smart* et signifie que les dispositifs sont autonomes. On les implante dans le corps et ils peuvent surveiller et agir en interaction avec les composantes du corps. »

Mis au point à la fin des années 1950, le stimulateur cardiaque a été depuis grandement amélioré. Son usage est devenu routinier. Selon la Régie de l'assurance maladie (RAMQ), on en implante environ 6 000 par année, seulement au Québec. En tout, plus de 35 000 Québécois et au-delà de 100 000 Canadiens vivent grâce à cet appareil. En France, le ministère de la Santé estime qu'environ 50 000 stimulateurs cardiaques sont implantés annuellement. « Plus de 250 000 patients doivent bénéficier d'une surveillance régulière de leur prothèse[6]. » À la RAMQ, on indique que ce chiffre croît constamment, non seulement en raison du vieillissement de la population, mais aussi grâce aux progrès de cette technique, à la miniaturisation et à la diminution des risques d'infection. Autrefois réservé à des gens d'un certain âge « relativement en forme », le stimulateur cardiaque peut maintenant venir au secours de personnes plus âgées encore. Et aussi de très jeunes enfants. À l'été 2004, on en a implanté un à deux bambins de Montréal (un de quatre mois et l'autre de deux ans), ce qui constituait une première canadienne.

Aux stimulateurs cardiaques il faut ajouter un nombre toujours croissant de prothèses et d'implants « non intelligents » comme les hanches — 4 133 en 2003 au Québec —, sans compter les genoux, les épaules, les jointures en polymères, etc. Mais on constate l'utilisation croissante d'autres prothèses comprenant un aspect électronique et « intelligent » de plus en plus perfectionné. Par exemple, depuis quinze ans au Québec, près de cinq cents personnes ont acquis ou retrouvé l'ouïe en partie grâce à un implant dit « cochléaire ». L'appareil a même sa journée officielle — le 17 mai — reconnue par l'Assemblée nationale. En France, près de 4 000 individus portent un tel implant.

L'implant cochléaire a ses défenseurs, dont certains se voient comme un type de posthumain. Dans *Rebuilt : How Becoming Part Computer Made Me More Human*[7], Michael Chorost explique « comment il est devenu un cyborg » lorsqu'il a reçu l'implant. « Les écrivains de science-fiction et les cinéastes ont depuis longtemps conjecturé à propos des cyborgs », écrit-il. Dans son livre, Chorost révèle fièrement « ce que c'est que de vivre avec une partie de son corps qui est contrôlée par un ordinateur » et non plus uniquement par le cerveau.

Les succès cliniques et commerciaux ont incité les chercheurs et les entreprises des pays industrialisés à développer toujours plus de prothèses. Une demi-douzaine d'entreprises fabriquent des implants cochléaires. En fait, selon Rémi Quirion, un équivalent « artificiel », plus ou moins au point, existe actuellement pour chacun des organes du corps humain.

Jambe bionique

À Québec, la firme Victhom s'est fait connaître en 2001 pour la « jambe bionique », le *power knee*, qu'elle développe. À la suite d'une habile opération de relations publiques, l'ancien premier ministre Lucien Bouchard a accepté, comme 17 autres patients, de tester la fameuse jambe. Celle-ci permettrait à une personne amputée d'avoir une démarche pratiquement « naturelle », puisqu'elle contient des moteurs dont les mouvements sont synchronisés avec ceux de l'autre jambe, grâce à des capteurs électroniques insérés dans la chaussure. Les capteurs enregistrent les transferts de poids et déclenchent le mouvement opposé dans l'autre jambe, au moment opportun. Benoît Côte, président de Victhom (qu'il a quitté en 2006), a commencé à commercialiser la jambe bionique peu avant la fin de 2004, grâce à un partenariat avec la multinationale européenne Össur. Il soutient que les prochains modèles seront encore plus liés au reste du corps, notamment grâce à des capteurs implantés directement dans la jambe du patient.

Victhom a aussi obtenu une licence pour commercialiser un implant urinaire neuro-électronique conçu à Montréal, au laboratoire PolyStim, du Département de génie électrique de l'École polytechnique, qui travaille en collaboration avec le Centre universitaire de santé de l'université McGill. Des « contrôleurs urinaires » existent déjà, mais celui conçu par les Montréalais est plus petit et plus précis, puisqu'il permettrait à la fois de « mesurer l'influx nerveux et de stimuler le système nerveux périphérique et musculaire ». Victhom le présente comme un « *pacemaker* pour la vessie ». Dans un communiqué, l'entreprise souligne qu'aux États-Unis « l'incontinence par "impériosité" affecte quelque 20 millions de personnes. Le taux de pénétration de ce marché par les produits actuellement disponibles pour traiter cette affection est inférieur à 1 % ». Un bon marché en perspective.

Redonner la vue... sans fil

La jambe bionique n'est pas l'unique projet de prothèses intelligentes du laboratoire PolyStim. L'une de ses idées les plus futuristes est un « stimulateur visuel cortical », une prothèse ne visant ni plus ni moins qu'à redonner la vue aux aveugles. Le concept en est simple : une caméra numérique miniature, intégrée à une structure de lunettes, capte des images qu'elle transmet à un petit ordinateur portatif. Celui-ci traite les images et les envoie à une puce greffée au cerveau. M. Sawan croit pouvoir

redonner la vue à un aveugle d'ici 2015. Et ensuite ? Tout est possible, dit-il, avant d'évoquer un étrange dessein : « J'espère être en mesure, dans mon labo, avant 2010, de vous montrer ce à quoi vous avez rêvé sur un écran d'ordinateur. Je pourrai enregistrer des signaux et détecter ce qui se produit dans chaque région du cerveau, et ensuite décrypter l'information qui s'y trouve avant de la transmettre à une mémoire, un ordinateur. »
En fait, depuis 1995, plusieurs projets de vision artificielle ont connu des succès cliniques, notamment en Belgique et aux États-Unis. En 2002, le chercheur américain William Dobelle a réussi à implanter un stimulateur à un aveugle qui, lors d'une démonstration, a même pu conduire une voiture. Le projet de M. Sawan se distingue toutefois de ces expériences antérieures parce qu'il consiste en une « technologie sans fil ». De plus, au lieu de travailler sur le nerf optique ou la rétine, M. Sawan a adopté l'approche de la « stimulation corticale », qui relie la prothèse directement au cortex visuel. D'ici 2015, il croit pouvoir produire une vision comportant quelque 625 points lumineux par centimètre carré. « On évalue qu'une telle résolution procurerait à son utilisateur une acuité visuelle suffisante pour les déplacements et pour une lecture efficace », m'a dit M. Sawan.

Le corps humain, un sac à *puces* ?

Une des voies de la fusion de l'informatique et de l'humain est bien sûr l'insertion dans le corps de divers types de dispositifs électroniques. Dans une attitude de défi transhumaniste, un professeur de cybernétique à l'Université de Reading en Grande-Bretagne, Kevin Warwick, s'est fait implanter en 1998 une puce de silicium de la taille d'un grain de riz dans l'avant-bras. Non reliée à son système nerveux, la puce recevait et émettait des signaux radio. L'expérience a été annoncée à grand renfort de publicité. Warwick s'est présenté, triomphant, comme « le premier cyborg », en page couverture de la célèbre revue *Wired*[8]. La puce en question permettait à un réseau de détecteurs de le retracer et de déclencher une série de mécanismes informatiques dans son département à l'université. Depuis, il a multiplié les expériences, dont une en 2002 où la puce était reliée à son système nerveux.

Dans la communauté scientifique, Warwick et son hyperactivisme futuriste ont souvent suscité l'hilarité[9]. Malgré tout, de nombreuses entreprises spécialisées en sécurité s'intéressent sérieusement à la technique d'identification RFID (Radio Frequency Identification Device). Ces balises radio sont déjà populaires dans le commerce de détail et, selon *Protégez-Vous*[10] notamment, elles sont appelées à remplacer les codes-barres puisqu'elles permettent de tenir un inventaire très précis des marchandises.

L'entreprise américaine VeriChip[11] mise à fond sur la technologie RFID, mais dans une autre perspective. La puce qu'elle a mise au point est conçue pour être utilisée à la Warwick, c'est-à-dire pour être insérée dans le bras. L'utilité de la chose serait d'abord et avant tout sécuritaire : « identifier rapidement des personnes inconscientes à leur arrivée aux urgences des hôpitaux ». La puce pourrait aussi servir de clé pour « accéder à certains endroits ». Le président de VeriChip, Scott Silverman, a aussi proposé d'implanter ses puces « dans le bras des travailleurs temporaires d'origine étrangère pour contrer l'immigration illégale », rapporte *Protégez-Vous*[12].

Mais ce produit fait peur. En mai 2006, le Wisconsin a adopté une loi qui rend criminel le fait de « forcer des gens à se faire implanter une telle balise radio ». En outre, un comité du département américain de la Sécurité intérieure « a déposé un rapport préliminaire qui déconseille l'utilisation de puces RFID pour surveiller les gens. Le comité souligne notamment qu'une telle puce ne peut pas servir à identifier une personne au même titre qu'un iris ou une empreinte digitale. » La puce pose au moins un autre problème : elle peut facilement être « clonée », comme l'a démontré le magazine *Wired* dans son numéro de mai 2006. « En d'autres mots, on peut transférer les données qu'elle contient dans une autre puce pour en faire une copie identique. Pour la sécurité, on a déjà vu mieux… », conclut *Protégez-Vous*.

Plusieurs s'inquiètent de ces développements technologiques. Michael Dahan, professeur au Sapir Academic College en Israël, affirme qu'avant 2020 « on implantera une puce RFID, ou équivalent, dans tous les nouveau-nés dans les pays industrialisés ». Au départ, on présentera cette puce comme une façon de recueillir des « données personnelles et médicales ». Mais à terme elle pourra être utilisée « pour le traçage et la surveillance », dit-il. Marc Rotenberg, directeur de l'Electronic Privacy Information Center aux États-Unis, croit que ces puces serviront à « construire des structures de surveillance sur lesquelles nous perdrons le contrôle. Il est temps de penser avec soin aux films *Frankenstein*, *Matrix* et *Gattaca*[13] ».

Le mariage du cerveau et de l'ordinateur

Malgré ces craintes exprimées un peu partout en Occident, plusieurs transhumanistes continuent de rêver à la prothèse suprême, celle qui pourrait à terme redéfinir totalement l'humain, lui faire changer de support, voire de forme : fusionner cerveau et ordinateur.

Depuis la fin des années 1990, plusieurs expériences ont été faites à l'aide d'électrodes implantées dans le cerveau. Rémi Quirion nous annonçait en 2003 que de telles électrodes allaient bientôt servir à traiter certains effets du parkinson : « Il s'agit d'insérer dans certaines régions du cerveau une petite électrode qui va normaliser la façon dont la cellule répond à son environnement. Cela peut diminuer de beaucoup tous les problèmes de locomotion du malade. » En 2004, d'ailleurs, l'équipe du professeur Alim-Louis Benabid, à Grenoble, a constaté l'efficacité de ce nouveau « *pacemaker* du cerveau[14] ». Chez les patients atteints, vers quarante ans, de la forme précoce du Parkinson auxquels on a inséré de telles électrodes, « les tremblements, la rigidité des membres et la lenteur des gestes disparaissaient rapidement », a déclaré ce chercheur. Le traitement ne règle pas tout : la détérioration des facultés intellectuelles se poursuit, de même que l'apparition de psychoses.

On utilise aussi de plus en plus des implants pour traiter la douleur. Ils peuvent remplacer ces petites pompes à morphine actuellement courantes : « L'implant est placé dans une région du cerveau qui s'appelle le thalamus. Il va diminuer l'envoi des signaux qui se traduisent par la douleur », explique M. Quirion.

D'autres recherches plus ambitieuses visent à établir des liens beaucoup plus « interactifs » entre le cerveau et l'ordinateur. Même si on est très loin des fantasmes des prophètes de l'intelligence artificielle, certains progrès récents impressionnent. Des scientifiques, dont ceux de Polystim, développent en effet des « matrices d'électrodes », c'est-à-dire un groupe d'électrodes qui s'accroche (par un procédé rappelant le « velcro[15] », explique M. Sawan) à une zone de la surface du cerveau. La matrice « lit » les impulsions électriques traversant la région du cerveau où elle est placée et les traduit en commandes, transmises instantanément à l'ordinateur. Grâce à ce lien, il a été possible pour des singes, et même pour un homme, d'actionner un ordinateur. La revue *Science* rapportait qu'en 2001, à Atlanta, le paralytique Johnny Ray avait pu, grâce à un implant dans son cerveau, épeler des mots et déplacer un curseur sur l'écran de l'ordinateur auquel il était relié[16]. Le but de ces expériences est de permettre à des handicapés de retrouver une certaine autonomie. Grâce au lien avec l'ordinateur, ils peuvent « envoyer des courriels, actionner des appareils électroménagers, manœuvrer un fauteuil roulant, contrôler des robots, etc. », selon *Science*.

L'entreprise CyberKinetics, de Foxboro, au Massachusetts, développe depuis 2001 le « BrainGate », une technique qui fait appel à ce genre d'implant. Elle prévoit vendre cet outil d'ici 2009. CyberKinetics a obtenu en avril 2004 l'autorisation de la Food and Drug Administration de procéder à des essais cliniques sur cinq personnes. Lorsque j'avais joint CyberKinetics, en juin de la même année, l'un de ces sujets « venait de recevoir un implant », m'avait-on dit, mais aucun résultat n'était encore disponible. À l'été 2006, toutefois, l'expérience, menée par une équipe de l'université Brown, au Rhode Island, avait été couronnée de succès et présentée dans la célèbre revue *Nature*. Un tétraplégique américain de vingt-cinq ans, Matthew Nagle, avait réussi à télécommander divers dispositifs électriques par la simple force de sa pensée[17].

« Dans les enregistrements vidéo des séances, on voit Nagle, immobile, qui ouvre un courrier électronique, change les chaînes d'un téléviseur relié à l'ordinateur. Il parvient également, sans bouger, à ouvrir et fermer une main robotique elle aussi reliée à la machine », raconte le journaliste Laurent Mauriac. La chose a été rendue possible grâce à « un minuscule capteur de quatre millimètres sur quatre, hérissé de 100 micro-électrodes d'un diamètre inférieur à celui d'un cheveu ». Le capteur a été « placé à la surface de son cerveau (le contact est indolore), dans une zone du cortex contrôlant les mouvements du bras et de la main. Cette région cérébrale a pu être atteinte grâce à une petite ouverture pratiquée dans la boîte crânienne. Le capteur a été relié à un socle collé au sommet du crâne et branché sur l'ordinateur. »

En entrevue, deux ans plus tôt, le pdg de CyberKinetics, Tim Surgenor, m'avait confié que, dans un premier temps, il s'agit d'aider les personnes handicapées. Dans la décennie suivante, cependant, son procédé pourrait peut-être s'adresser à un public plus large : « Notre objectif ultime est de permettre à l'humain de contrôler un ordinateur plus rapidement qu'on ne le fait avec les mains. » Dans son article, le magazine *Wired*[18] nous apprend que CyberKinetics fait partie d'un groupe de 12 laboratoires américains subventionnés « à coups de plus de 25 millions de dollars américains » par le département américain de la Défense, lequel

« dit ouvertement vouloir développer des robots meurtriers contrôlés par des soldats[19] ». Mais avant que tout cela ne soit possible, les interfaces cerveau-ordinateur (BCI, en anglais) doivent être rendues sécuritaires, assez durables pour fonctionner plusieurs années et assez sensibles pour « capter des structures neuronales distinctes ». Or, nombre de chercheurs en médecine doutent de la possibilité de produire une telle technologie.

Au reste, pour Tim Surgenor, les liens cerveau-ordinateur, « jusqu'en 2020 environ », ne serviront qu'à des « fonctions simples » qui consistent à actionner, déplacer, mouvoir des curseurs, des images, comme l'a fait Matthew Nagle. Mais il est selon lui « inévitable » (un autre transhumaniste qui s'ignore ?) qu'on en vienne par la suite à traduire les « autres informations » contenues dans le cerveau, de manière qu'elles soient lisibles par un ordinateur.

Toutefois, dans une interview donnée à *Libération* à l'été 2006, le cofondateur de CyberKinetics, John Donoghue, s'est montré beaucoup plus modeste dans ses prédictions. « Son équipe ignore encore jusqu'où le décodage des impulsions électriques cérébrales pourra être étendu. Sera-t-il possible, par exemple, de composer des phrases en pensant aux lettres ou aux mots ? "Un jour, peut-être, répond-il. Mais pour l'instant nous ne connaissons pas la nature des représentations cognitives", a répondu M. Donoghue. [...] De la même manière, il y a peu de chances selon lui que des capteurs permettent de lire les pensées d'un individu : "La possibilité que l'on puisse capter tous les signaux est incroyablement lointaine. Il n'y a pas d'inquiétude à avoir." »

« Pauvre carcasse »

Ces doutes n'empêchent pas certains de plaider carrément en faveur d'une fusion cerveau-ordinateur. Et même d'y voir un

« salut » pour l'humanité. Le directeur du Centre de recherche en biologie de la reproduction à l'université Laval, Marc-André Sirard, a soutenu, en interview avec moi, que cette fusion est peut-être la voie la plus prometteuse vers le rêve central du transhumanisme : l'immortalité. « Bientôt, on pourrait être en mesure de transférer une bonne partie de notre "schème de pensée" dans un système électronique qui sera capable de le recevoir[20]. » M. Sirard dit voir l'immortalité davantage comme un « ensemble d'informations et de pensées stockées » que comme un corps humain normal : « Les progrès de l'électronique et des nanotechnologies nous amènent vers des hybrides beaucoup plus fonctionnels que la pauvre carcasse dans laquelle nous vivons présentement », a-t-il affirmé[21].

Pauvre carcasse : M. Sirard n'est pas le premier à utiliser ce genre d'épithète péjorative à l'endroit du corps humain. Il n'est pas le seul à penser que « le corps n'a pas le caractère impeccable de la machine et c'est précisément de cette insuffisance qu'il a constamment à répondre aujourd'hui », pour reprendre l'éloquente formule d'Alain Finkielkraut[22]. Marvin Minsky, pionnier des recherches sur l'intelligence artificielle au MIT, a même déjà qualifié le corps humain de *meat machine*, une vulgaire « machine de chair ». Le philosophe Jacques Dufresne[23] impute aussi à ce chercheur l'expression « foutu fouillis de matières organiques » *(bloody mess of organic matter)*.

Ray Kurzweil, célèbre chercheur et inventeur du MIT, croit que la fusion cerveau-ordinateur, qui pourrait faire naître une « pensée sans corps », est souhaitable. Il y voit une façon de libérer l'homme d'un carcan qui limite les possibilités de son esprit. En effet, comment explorer l'espace, repousser toujours les frontières — objectif au cœur de la nature humaine, selon lui — si l'humain « demeure » dans un corps destiné à mourir ? Kurzweil évoque sans broncher un avenir où l'esprit humain pourrait carrément changer de support[24].

Le 10 septembre 2001, *Le Monde* rapportait les propos du physicien Stephen Hawking, lequel, par l'entremise du magazine allemand *Focus*, aurait enjoint aux scientifiques de créer des hommes génétiquement modifiés, supérieurs : « L'évolution darwinienne travaille beaucoup trop lentement à améliorer notre matériel génétique. Pour moi, notre seul espoir sur ce sujet repose sur la génomique. Avec quelques modifications ponctuelles, nous pourrions augmenter la complexité de notre ADN et ainsi améliorer l'homme. » Sinon ? Sinon c'est l'ordinateur — nouvel être appelé à de plus en plus d'ubiquité, et qui, lui, s'améliore rapidement — qui prendrait le pouvoir. Comme dans *2001. L'Odyssée de l'espace*, d'Arthur C. Clarke, ou encore dans les romans d'Isaac Asimov. Faux !, rétorqua Ray Kurzweil, qui méprise les scénarios à la *2001* (où l'ordinateur tente de dominer l'humanité). Kurzweil prévoit que, dans le futur, ce ne sera pas « eux » contre « nous », mais « nous » (les humains) qui voudrons devenir « eux ». Un jour viendra, prétend Kurzweil, où nous nous transporterons sur un autre support. Il sera possible de scanner un cerveau, grâce à l'amélioration des techniques de résonance magnétique, de le télécharger sur un support dont on peut prévoir presque assurément la puissance (en 2019, prédit Kurzweil, un ordinateur de 1 000 dollars sera aussi puissant qu'un cerveau humain). Cet ordinateur, doté de la mémoire accumulée par un être humain, aurait une capacité d'autoprogrammation en réaction à des stimuli extérieurs et pourrait éventuellement développer une capacité de réaction.

Bientôt, donc, plus de différence entre « eux et nous ». Plus de discontinuité entre conscience humaine et « conscience numérique » (une telle chose est-elle vraiment possible ?). Un « ordinateur ému » deviendrait concevable, affirme même Kurzweil. La guerre entre les robots et nous, que certains se plaisent à évoquer — comme le chercheur suisse Hugo DeGaris —, est impensable, puisqu'« eux » seront aussi « nous » (pour le dire dans les mots d'Ollivier Dyens, professeur de littérature à l'université Concordia à Montréal et auteur du livre *Chair et métal* : « À l'horizon se pointe non pas une terre, mais bien un mouvement devenu lieu et dans lequel machines, vivant, numérique et organique coulent, se fondent et s'accouplent les uns les autres à l'infini[25]. »)

Mais le lendemain (date fatidique, le 11 septembre 2001), Ray Kurzweil, dans son blogue, informait ses lecteurs que Hawking s'était plaint d'avoir été mal traduit en allemand. Le physicien aurait précisé ses craintes : la lenteur de toute évolution, même dirigée (par la manipulation de l'ADN, par exemple), comparée à la foudroyante vitesse de l'évolution informatique, le conduisait à demander que les scientifiques travaillent le plus rapidement possible au *branchement* direct du cerveau au matériel informatique afin « d'augmenter les capacités humaines ». Kurzweil a évidemment applaudi à la rectification de Hawking.

CHAPITRE 2

« Soma sapiens »
ou l'homme pharmaceutique

« Plus les neurosciences perceront les mystères du cerveau humain, plus on sera capable de déterminer quel type de médicament tel ou tel individu devra prendre, par exemple, s'il veut être plus à l'aise lors d'un entretien pour un emploi ou s'il a à paraître à la télévision. Pour le président des États-Unis — ou le premier ministre du Canada — certains médicaments pourraient diminuer des travers : comme le fait d'être belliqueux, par exemple. On pourra en quelque sorte modeler la personnalité d'un individu[1]. »

Ces propos sont de Rémi Quirion. Il n'est pas à proprement parler un utopiste de la posthumanité, ni un rêveur. Nul Raël du comprimé ici. Au contraire, son parcours est totalement scientifique, et étincelant. Docteur en pharmacologie, il dirige l'Institut des neurosciences, de la santé mentale et des toxicomanies à Montréal. Formé entre autres aux États-Unis, il a été rédacteur en chef du *Journal of Chemical Neuroanatomy* et membre de comités éditoriaux « de 18 prestigieuses publications en neurosciences et en pharmacologie », comme le note le Secrétariat à l'Ordre national du Québec, qui l'a nommé chevalier en 2003. Il est à la fois professeur au Département de psychiatrie de l'université McGill, membre associé du Département de pharmacologie et du Département de neurologie et de neurochirurgie, ainsi que professeur au Centre d'études sur le vieillissement. Curriculum vitæ impressionnant, donc.

L'homme : un être biochimique

L'avenir que Rémi Quirion se plaît à imaginer tout haut, notamment l'idée de « modeler la personnalité » des politiciens par la pharmacologie, est à la fois fascinant et épeurant et frise la science-fiction. Lorsqu'il évoque de futurs médicaments sur mesure pour contrôler le tempérament d'un individu, je lui suggère que le Soma décrit par Aldous Huxley dans *Le Meilleur des mondes* semble devenir réalité. Il n'en a jamais entendu parler, répond-il. Rémi Quirion ne semble pas trop inquiet. L'exploration du cerveau « ne fait que commencer », répète-t-il, et à terme elle fournira les clés pour y intervenir de façon efficace. Dans une présentation Power Point qu'il m'a envoyée par courriel avant notre entretien, il souligne pourtant la nécessité de jeter les bases d'une « neuroéthique » — éthique propre à l'application des neurosciences. Il faut selon lui baliser les usages des technologies à venir dans le domaine des neurosciences. « Mais, ajoute-t-il, ce n'est pas aux chercheurs de décider. Je pense que la société doit discuter de ce genre d'approche pharmacologique, qui sera bientôt disponible. Est-ce qu'on la rend disponible à tous ? Est-ce qu'on la réserve à ceux en mesure de se la payer ? Il faut en débattre. »

La question de l'accès aux médicaments peut certes faire l'objet de débats, mais ne faudrait-il pas aussi discuter de la conception de l'être humain sous-jacente ? Quirion expose la sienne de façon assez brutale : « Je pense que lorsqu'on va comprendre encore davantage comment fonctionne le cerveau, on va probablement en arriver à expliquer la conscience et l'intelligence. Bien sûr, il y a plein de gens qui ne sont pas de cet avis-là parce qu'on aime à penser qu'il y a quelque chose de plus chez l'être humain, une âme ou quoi que ce soit... ou encore qu'il y a un Dieu, je ne sais trop... quelque chose, quelque part. Moi je crois qu'à un moment donné on va être capable de tout réduire à des molécules... C'est mon biais!»

Ce «biais» — pour reprendre l'anglicisme qui peut être traduit par «parti pris» — Quirion n'est pas le seul à l'avoir.

«Bientôt, on décryptera la formule biochimique du sentiment amoureux et on pourra, à volonté, se faire tomber en amour», a lancé le neuro-informaticien suédois Anders Sandberg, lors du congrès Transvision 2004, à Toronto, grande réunion annuelle de la World Transhumanist Association.

Les transhumanistes ne sont pas les seuls à croire que nous sommes tous des *homo pharmaceuticus* en devenir, cet être dont l'âme serait essentiellement une affaire de contrôle biochimique, une composition de neurotransmetteurs. Ce «biais» prospère aujourd'hui. Il s'insinue jusque dans des comédies romantiques comme *Dopamine*, de Mark Decena, qui illustre bien les hésitations contemporaines à propos de la racine biochimique de l'amour. Primé au festival Sundance en 2003, *Dopamine* raconte l'histoire de Rand, un informaticien de San Francisco qui a créé Koy Koy, un jouet électronique pouvant répondre à la voix de son propriétaire. Le père de Rand, bouleversé par l'alzheimer de sa femme, ne cesse de lui répéter que l'amour n'est qu'une série de réactions chimiques.

Les pilules pullulent

Nous sommes aux prises avec une épidémie de dépression et une avalanche d'antidépresseurs. En France, les psychotropes sont la deuxième catégorie de médicaments pour l'ampleur de leur consommation[2]. Aux États-Unis, une personne sur huit en fait usage³, et ils représentent aujourd'hui une industrie de 11 milliards de dollars⁴, la plus rentable du monde pharmaceutique. Les Prozac, Paxil, Zoloft, Celexa, Lexapro et autres Effexor pullulent et semblent préfigurer une époque « formidable » où chaque malaise humain aura son médicament correspondant. Déjà, les « pharmaceutiques » sont les plus rentables des entreprises américaines.

Le bioéthicien américain Carl Elliott décrit ce monde par une énumération impressionnante : « Les Américains prennent du Paxil pour soigner la timidité, du Provigil contre l'insomnie, de l'Adderall pour mieux se concentrer, de l'Attivan contre l'anxiété, de l'Humatrope lorsqu'ils s'estiment de trop petite taille, de la Propecia contre la calvitie, du Xenical contre l'obésité, des bêtabloquants contre le trac, des stéroïdes sur mesure pour améliorer leurs performances athlétiques et du Viagra pour les performances sexuelles⁵. »

Dans les sociétés développées, les épisodes difficiles de la vie, autrefois considérés comme des épreuves normales — les deuils, par exemple —, sont de plus en plus « traités » à coups de narcotiques. La consommation d'antidépresseurs, et aussi de stimulants (comme la Ritaline), commence dès le jeune âge. Aux États-Unis, on peut maintenant prescrire du Prozac aux enfants à partir de l'âge de sept ans. Au Québec, la Régie de l'assurance-maladie (RAMQ) estime quant à elle que le nombre d'antidépresseurs prescrits aux enfants de six à douze ans a augmenté de 142 % entre 1998 et 2002.

Un des cas les plus emblématiques des avancées du paradigme biochimique est assurément celui de la Ritaline, nom générique du méthylphénidate. L'objectif est de soigner l'hyperactivité, plus précisément le trouble de déficit de l'attention avec hyperactivité (TDAH). Certaines écoles font de la prise de ce médicament la condition d'admission pour les élèves apparemment affectés par le TDAH. Des professeurs exigent, pour les accepter en classe, qu'on en administre aux élèves dissipés. Fait à noter, les week-ends et l'été, ces derniers ont souvent droit à un

« congé de médication ». De l'aveu candide de Novartis, le laboratoire propriétaire de la Ritaline, « le mécanisme d'action de ce médicament n'a pas été entièrement élucidé ». Mais, insiste son site Internet, « on a scientifiquement prouvé que la Ritaline interagit avec le transporteur de la dopamine pour normaliser la quantité de dopamine disponible dans certaines parties importantes du cerveau ».

Ce type de médicament a connu une croissance fulgurante dans les quinze dernières années en Amérique du Nord. Au Québec seulement, depuis 1990, selon Intercontinental Medical Statistics, le nombre estimé de prescriptions de Ritaline et équivalents s'est accru de 650 % en dix ans, passant de 33 000 à 247 730. Malgré les controverses et les dénonciations, les plus récentes données sont à l'avenant. La Ritaline poursuit son ascension : entre 1997 et 2003, le nombre des ordonnances pour les bénéficiaires de l'assurance-médicaments a augmenté de 54,7 % au Québec[6]. Il a connu une hausse de 33 % entre 2000 et 2003 seulement, parmi les 3,2 millions de prestataires du régime public. Par rapport à 1996, l'augmentation du nombre des utilisateurs de ce médicament est de 226 %. En 2003, ce sont 23 100 personnes qui ont consommé de la Ritaline ou d'autres méthylphénidates, ce qui a coûté trois millions de dollars à la RAMQ. Quatre pour cent des garçons québécois de huit et neuf ans en avalent.

Les statistiques américaines sont similaires. Aux États-Unis, entre 5 et 6 % des enfants de moins de dix-huit ans (environ quatre millions d'enfants[7]) consomment de la Ritaline ou de l'Adderall de même que d'autres stimulants. Le nombre d'ordonnances de Ritaline pour les enfants et les adolescents a triplé en dix ans. La France, reconnue comme un « paradis du tranquillisant », semble pourtant refuser de l'administrer à ses enfants chez qui a été diagnostiqué un trouble de l'attention avec hyperactivité, car 2 % seulement de ceux présentant le trouble en reçoivent.

Comme tout médicament, la Ritaline ne sert pas uniquement à la clientèle à laquelle elle est destinée : sur les campus universitaires américains et canadiens, un trafic de Ritaline sévit, puisque celle-ci permet d'augmenter la concentration, en période d'examen, tout en aidant à perdre du poids. Un tel trafic aurait été repéré à l'université McGill, notamment[8]. Cette consommation de Ritaline est « très inquiétante », a déclaré au magazine *Maclean's* le Dr Norman Hoffman, directeur du Département de santé mentale à McGill. Tous les printemps, quand la période des examens arrive, M. Hoffman dit voir de plus en plus d'étudiants se présenter aux cliniques du campus en espérant obtenir une dose de Ritaline (surnommée la « Vitamine R ») afin de les aider à passer à travers des nuits blanches d'étude. « Ils me disent que tous leurs colocataires consomment de la Ritaline et qu'ils en veulent eux aussi. Et on la leur refuse. Mais les étudiants peuvent facilement s'en procurer, entre autres grâce à des jeunes chez qui a été diagnostiqué un déficit d'attention et qui sont prêts à leur vendre leur médication. »

Dans le cas de la Ritaline, certains adultes expriment, très légitimement, une profonde révulsion à droguer des enfants. Notamment parce que le message envoyé comprend une contradiction de taille : « D'une part, on enjoint aux enfants de "dire non à la drogue" (le fameux slogan américain *Say no to drugs*) et, d'autre part, on prescrit la Ritaline en grande quantité. Ce qui leur montre à eux et à leurs amis qu'une drogue peut régler leur problème de comportement », fait remarquer un auteur américain[9].

Des « lunettes » pour le cerveau ?

Pour ses défenseurs, le trafic de Ritaline est marginal. Ils prétendent qu'on tente ainsi de diaboliser un outil essentiel. Ils cherchent sans cesse à dédramatiser, à minimiser et à relativiser l'usage « normal » de cette drogue. Annick Vincent, une psychiatre québécoise, a publié un petit livre au titre évocateur : *Mon cerveau a besoin de lunettes*[10]. « Depuis l'invention des lunettes, ça va mieux pour les myopes, déclare-t-elle en interview. C'est la même chose pour le trouble de l'attention : depuis que l'on connaît les stratégies d'adaptation, les traitements, ces gens ont tout avantage à consulter et à être diagnostiqués. » Pour elle, l'augmentation fulgurante de la consommation de ce médicament, dans les quinze dernières années, ne semble aucunement liée à la montée d'une quelconque nouvelle conception biochimique de l'humain. Il y a là, simplement, l'identification d'une « maladie » autrefois inconnue. Après tout, le nombre des lunettes vendues a aussi explosé à mesure que l'on perçait les mystères des dysfonctionnements de l'œil. « Le phénomène du TDAH est loin d'être nouveau », fait-elle remarquer, rappelant que dès 1901 ce problème était connu. Quant aux « traitements avec des stimulants, ils seront utilisés à compter de 1937 ». La découverte d'un médicament efficace, la Ritaline, a attiré l'attention sur ce mal, comme les lunettes efficaces ont poussé plus de gens à aller passer un examen de la vue. La consommation de la Ritaline et d'autres substances du genre croîtra encore rapidement, prédisent les médecins comme Mme Vincent, tant que tous ceux qui en sont atteints ne seront pas médicalisés ; autrement dit, jusqu'à ce que tous les « myopes » du cerveau ne se seront pas procuré leurs lunettes.

Cette métaphore de la myopie n'est-elle pas trop simple ? Dans le domaine psychique, la normalité et la pathologie sont-elles vraiment du même ordre que pour les fonctions mécaniques du corps ? Seuls les tenants du paradigme biochimique répondront par l'affirmative.

Les défenseurs de la Ritaline se montrent plutôt catégoriques. On perçoit aisément, au Québec en tout cas, le malaise qui entoure cette question : les parents dont les enfants usent de ce type de substance réagissent souvent de façon passionnée aux questions qu'on leur pose à ce sujet, se lançant dans une défense vigoureuse ou cherchant à échapper à l'accusation en justifiant leur propre usage de la Ritaline : tout a été tenté pour aider l'enfant, les symptômes étaient évidents, il n'y avait pas d'autre choix que la médication.

TDAH : pas d'agent pathogène ?

Extrait d'un article sur la Ritaline : « Puisqu'il n'existe pas de test sanguin pour poser un diagnostic, les médecins utilisent le test du DSM-IV » — Diagnostic and Statistical Manual of Mental Disorders, Fourth Edition, American Psychiatric Association —, répertoire officiel à l'usage des psychiatres où les différentes maladies mentales sont décrites.

Voilà un premier paradoxe de ces nouvelles drogues et de la perspective posthumaniste qui les sous-tend : on nous assure qu'elles soignent des maladies bien réelles, objectives, que le « cerveau est malade comme le sont les yeux d'un myope », mais on reste incapable de nous dire quelles dysfonctions objectives sont à la source de ce problème. On nous rassure en soutenant que c'est *nobody's fault*[11], que personne n'est responsable de ce mal et que tout est affaire de biochimie, que la subjectivité a ici un rôle secondaire. Mais, second paradoxe, les questionnaires du DSM-IV utilisés pour le diagnostic sont des tests purement subjectifs. Les auteurs de *Beyond Therapy*, un important rapport du President's Council on Bioethics, font remarquer que dans ce DSM-IV, « la présentation des dépressions (tout comme celle des autres troubles) est essentiellement un résumé des principaux symptômes et on n'y tente aucunement d'identifier la nature ou les causes de la maladie[12] ».

L'expression « déséquilibre chimique », que la médicalisation permettrait de régler, se répand. Mais Lawrence Diller, un médecin américain sceptique à l'égard de la « médicalisation des enfants » qui est l'auteur de *Running on Ritalin*[13], rejette l'expression. « Jusqu'à présent, écrit-il, on n'a identifié aucun prétendu déséquilibre chimique pour quelque trouble psychique que ce soit, y compris le fameux trouble bipolaire. On a plutôt déduit qu'il doit bien y avoir un tel déséquilibre qui se trouve corrigé par la médication parce que le comportement problématique s'améliore après qu'un patient a commencé la médication. Mais pourtant, personne ne me dit que j'ai un "déficit d'aspirine" lorsque mon mal de tête s'en va grâce à un comprimé[14]. » Diller fait aussi remarquer que la Ritaline peut améliorer la concentration de tout être humain, « même de ceux qui n'ont pas eu de diagnostic de TDAH ».

Même un grand défenseur de la Ritaline comme le Dr Harold Koplewicz, auteur de *Nobody's Fault*, a confié dans une interview à PBS[15] qu'il doutait de la qualité des diagnostics de TDAH : « J'ignore s'il y a surmédicalisation ou sous-médicalisation. Je crains seulement que l'on ne donne pas ce médicament aux bons enfants. Ça fait partie du problème. » M. Koplewicz explique qu'avant de donner des médicaments, il faut prendre beaucoup de temps pour interviewer la mère et le père, pour administrer un questionnaire, pour permettre à l'enseignant d'observer l'enfant. « On doit prendre le temps d'examiner correctement l'enfant, de lui parler », écrit-il, laissant entendre que l'on prend souvent trop vite la décision de médicamenter.

La psychiatre Annick Vincent explique que le diagnostic fait intervenir trois grandes catégories de symptômes : l'inattention, l'hyperactivité motrice et l'impulsivité. « Présents depuis la petite enfance et d'intensité modérée à sévère, ces symptômes doivent se manifester à l'école, dans les activités de l'enfant, à la maison, entraînant un handicap », a-t-elle expliqué au journal *Le Devoir*. L'examen comprendra ensuite un test d'intelligence et différentes collectes de données. La spécialiste assure que le diagnostic ne se fait pas en dix minutes dans le bureau du médecin.

Questionnaire

En l'absence de mesure objective, l'étape du questionnaire s'impose donc comme l'une des plus déterminantes. Pour les adultes, qui eux aussi peuvent être atteints du TDAH, on utilise souvent le questionnaire du psychologue américain John Grohol, disponible dans Internet [16]. Il compte 24 questions pour lesquelles on propose un choix entre six réponses qui font penser à un amoureux effeuillant une marguerite : pas du tout, juste un peu, un peu, modérément, passablement, beaucoup. La formulation des questions est d'une grande généralité et rappelle celle des textes d'horoscope de nos journaux. Edward Hallowell et John Ratey font remarquer dans leur essai sur le TDAH, *Driven to Distraction*[17], qu'une « fois que vous avez compris en quoi consiste ce syndrome, vous allez vous mettre à le voir partout ». Il s'agit de lire certaines des questions de Grohol pour s'en convaincre.

1. Vos humeurs sont-elles variables, avez-vous des hauts et des bas ?
2. Je suis désemparé par la manière désorganisée dont fonctionne mon cerveau.
3. Mon esprit fuit les tâches inintéressantes ou difficiles.
4. Je dis des choses sans y penser et je le regrette par la suite.
5. Je prends des décisions rapidement, sans penser aux conséquences néfastes qu'elles peuvent entraîner.
6. Je m'emporte rapidement, un rien me met en colère.
7. J'ai du mal à déterminer dans quel ordre je dois effectuer une série de tâches ou d'activités.
8. Lorsque je travaille en groupe, il m'est difficile d'attendre mon tour pour intervenir.
9. Je mène habituellement de nombreux projets en parallèle, et je n'arrive pas à en terminer plusieurs.

Au terme de l'exercice, le logiciel en ligne calcule votre score et propose cinq conclusions possibles.

- 70 points ou plus : déficit d'attention d'adulte (DA) ;
- de 50 à 69 points : DA modéré ;
- de 35 à 49 points : DA avec hyperactivité ;
- de 25 à 34 points : DA ou DAH léger ;
- de 0 à 24 points : presque ADD ou aucun ADD.

Effets inconnus

Revenons à notre sommité, Rémi Quirion. En interview, il insiste sur le fait que le traitement à la Ritaline, chez les jeunes enfants et les adolescents, peut avoir des effets « très positifs ». Il explique que plusieurs — « ceux qui souffrent vraiment du syndrome de l'hyperactivité », tient-il à préciser — ont de réelles difficultés à se concentrer. Le médicament les rend « moins distraits en classe », ils obtiennent donc de meilleures performances scolaires. « Tout s'ensuit, affirme-t-il, parce que ça leur permet d'aller dans les meilleures écoles et, en bout de course, ils peuvent avoir un plan de carrière un peu plus intéressant. »

Le chercheur note cependant que le médicament est « sans doute trop utilisé » en Amérique du Nord en général et au Québec en particulier. De plus, il insiste sur le fait qu'on ne connaît pas vraiment les effets qu'une telle consommation, pendant vingt ou vingt-cinq ans, peut avoir sur le cerveau. « On a certains modèles animaux, mais rien ne nous assure qu'ils nous donnent une bonne indication des effets réels sur les enfants. » De plus, « lorsqu'on prend ce genre de molécules pendant l'enfance et la jeune adolescence, le cerveau est encore très plastique. Y a-t-il des effets à long terme ? Peut-être… peut-être pas. »

Grande question. Au printemps 2004, Martha Farah, professeure de psychologie à l'Université de la Pennsylvanie, a émis l'hypothèse que la Ritaline modifiait la façon dont le cerveau fonctionne, « ce qui pourrait altérer durablement la personnalité de celui qui en prend », a-t-elle écrit dans la revue *Trends in Cognitive Sciences*. À long terme, elle craint que « cette substance n'accélère même le vieillissement du cerveau ».

Peu d'études ont tenté de déterminer l'effet à long terme de la Ritaline, ce que déplore Farah. Il y a bien la revue *Pediatrics*, qui publiait au printemps 2004 les résultats de recherches faites à l'Université de la Californie à Berkeley et financées par l'Institut national de la santé mentale des États-Unis. Selon elle, les enfants utilisant la Ritaline accusaient un certain retard de croissance par rapport aux autres : en moyenne, ils étaient plus petits de 1,3 cm et avaient un déficit de 3,4 kilos. Mais d'autres études, depuis, sont venues nuancer, voire contredire, celle-ci, rendant pour l'instant impossible toute conclusion définitive.

Ce débat en rappelle un autre, qui semble tout aussi indéterminé, sur les idées suicidaires que les antidépresseurs seraient susceptibles d'entraîner. En matière de médicaments de l'âme, il semble que les effets des substances diffèrent tellement d'un individu à l'autre, mais aussi d'une subjectivité à l'autre, qu'on se demande s'il sera vraiment possible, un jour, de trancher ce type de question.

Malgré ces doutes, la conception biochimique de l'humain progresse toujours. On se dit que le remède, même avec ses effets secondaires, est moindre que le mal. On « médicalise » de plus en plus des comportements qu'on percevait simplement autrefois comme désagréables et qu'on attribuait à une personnalité « difficile ». On disait qu'un enfant était « turbulent », sans penser qu'il était nécessaire d'investiguer sur la chimie de son cerveau.

Steven Rose, professeur de biologie à l'Open University en Angleterre, fait un constat similaire pour ce qui est de la dépression : « On s'interroge rarement sur les causes de l'augmentation exponentielle des diagnostics de dépression, peut-être parce que nous craignons de révéler un malaise non pas d'ordre individuel, mais d'ordre social et psychique. Au lieu de cela, on met l'accent de façon exagérée sur ce qui survient dans le cerveau et le corps de l'individu aux prises avec la dépression[18]. »

Tout est maladie

Dans cette optique, nulle surprise que le nombre de « maladies » et de syndromes que l'on croit maintenant combattre avec l'arsenal pharmacologique ne cesse de croître.

Un cas a provoqué un important débat, celui de la *Debilitating Social Anxiety* ou *Social Anxiety Disorder*. Des recherches ont montré que le fait d'être mal à l'aise en société, d'être terriblement timide, serait lié à un problème biochimique. Pour le soigner, on est en train de tester l'Escitalopram, en Angleterre. En 2001, SmithKline Beecham, le géant pharmaceutique maintenant nommé GlaxoSmithKline, a été accusé d'avoir promu le syndrome en question pour mieux vendre son médicament phare, Paxil, qui à l'époque avait beaucoup moins de succès que ses rivaux, Prozac et Zoloft[19]. Le joueur de football Barret Robins, des Raiders de Los Angeles, avait été embauché par l'entreprise pour raconter à quel point le Paxil lui avait permis de faciliter ses contacts sociaux. La campagne a du reste bien fonctionné, puisque le médicament a accru ses parts de marché de 18 % cette année-là[20]. Selon une étude citée par l'éthicien Carl Elliott, le budget de publicité que GlaxoSmithKline avait consacré à la promotion du Paxil en 2001 — 91 millions de dollars — dépassait celui de Nike pour la mise en marché de ses chaussures les plus prometteuses.

Pour un produit pharmaceutique, le « détournement » de la fonction originale est sans doute ce qui peut arriver de mieux d'un point de vue commercial. Mettre sur le marché un produit que les bien portants pourront se réapproprier pour améliorer leur existence garantit des profits colossaux. Ainsi, Novartis profite du trafic de Ritaline dans les universités ; Pfizer vend de plus en plus son Viagra en le présentant non pas comme un médicament contre l'impuissance mais comme une *lifestyle drug*, une manière d'amplifier les capacités sexuelles. Quant aux hormones de croissance, dès 1996, 40 % des ordonnances étaient destinées à des enfants et adolescents n'ayant pas à proprement parler un problème de taille : ils voulaient simplement être plus grands[21].

Causes neurologiques ou causes sociales ?

Ces maux de plus en plus nombreux qu'on perçoit chez un nombre toujours plus grand d'enfants ne sont-ils donc pas liés aussi à des causes bien extérieures au cerveau de ceux qu'on considère comme « malades » ? Des causes qui seraient caractéristiques de notre temps ?

Pour le déficit d'attention, par exemple, comment passer sous silence le rythme de vie de tant de parents du XXIe siècle, obsédés par leur travail (je ne m'en exclus pas ici…) ou victimes de précarité, d'insécurité économique ? D'autant que le travail est toujours plus immatériel, ce qui signifie qu'il ne quitte jamais vraiment la tête de ces travailleurs dits « du savoir », moins attentifs à leur famille, à leurs enfants. Par ailleurs, ne faut-il pas prendre en compte le style de vie des enfants, moins actifs, entre autres parce que rivés presque en permanence sur des écrans vidéo devenus ubiquitaires ? Les partisans de la Ritaline répondent que tout cela n'a rien à voir, que tout est affaire de chimie du cerveau. La Ritaline, « signe d'une intolérance face aux enfants qui bougent plus que les autres ? Le Dr Vincent rejette catégoriquement l'hypothèse », écrit la journaliste Chantal Gosselin[22].

Cela est d'autant plus curieux que l'on n'hésite pas à s'interroger sur les causes sociologiques quand il s'agit de problèmes de santé « visibles », comme l'épidémie d'obésité. Mais lorsqu'on aborde ceux qui relèvent des neurones, comme le déficit d'attention, alors « Taisez-vous, sociologues, historiens ! Seuls les psychiatres sont autorisés à répondre », dit-on implicitement.

Pour une normalité plurielle

Et si le TDAH n'était pas du tout une maladie ? C'est ce que se demandent de nombreux médecins et philosophes, comme Francis Fukuyama. Et si c'était un comportement normal, présent dans une portion de toute population humaine ?

« Un trouble mental qui affecte 10 % de la population, ce n'est plus une maladie, c'est un trait de personnalité ! », a déclaré à *L'Express* Bernard Golse, chef du service de pédopsychiatrie à l'hôpital Necker[23]. Il se pourrait aussi que le TDAH soit devenu une maladie pour des raisons sociales. « Les jeunes êtres humains et particulièrement les jeunes hommes n'ont pas été conçus par l'évolution pour rester assis à un pupitre pendant des heures tout en restant attentifs à un professeur, mais plutôt pour courir, jouer et s'adonner à d'autres activités physiques », fait remarquer Fukuyama[24].

Le philosophe concède que la médication puisse être nécessaire dans certains cas, puisque nous sommes au moins « en partie » biochimiques et que la condition neurologique de certains individus peut très bien souffrir de carences handicapantes. Mais quels sont ces autres cas où la Ritaline n'est qu'un expédient qui permet de nier d'autres causes nullement « naturelles » ? À quel moment l'usage de comprimés n'a-t-il plus pour fonction que de permettre à des adultes d'échapper à la responsabilité de s'occuper d'un enfant, de lui apprendre à se prendre en main, à faire un effort pour se calmer ou se concentrer ?

Une récente enquête sur l'usage des psychotropes en milieu défavorisé a révélé par exemple que les deux tiers des enfants en difficulté âgés de six à onze ans et hébergés dans les Centres jeunesse de Montréal prennent des médicaments psychotropes, tant la Ritaline que les antidépresseurs. Francis Fukuyama fait état d'études américaines démontrant que les enfants défavorisés sont davantage susceptibles de recevoir une médication. Comment ne pas y voir une sorte de camisole de force chimique ? Sommes-nous vraiment ici dans l'objectivité pure de la science ?

Stéroïdes pour le cerveau

Mais « soigner » une quelconque « maladie » n'est pas le rôle ultime que les utopistes de la posthumanité confèrent à la pharmacologie. En fait, pour eux, le problème principal est la faible intelligence de l'humanité, même bien portante. Corriger certains comportements handicapants est une étape, mais le vrai projet, l'objectif réel, consiste à rendre l'intelligence plus puissante, plus rapide, supérieure. « Nous sommes assez intelligents pour nous rendre compte que nous sommes stupides », affirma le neuro-informaticien suédois Anders Sandberg au congrès Transvision 2004, auquel j'ai assisté à Toronto. Pour lui, il est temps de développer des façons d'augmenter la puissance de notre cerveau grâce à la pharmacologie, mais aussi par le truchement de la génétique et des liens avec l'ordinateur.

Limitons-nous ici à la première voie, celle de la pharmacologie. « Ne serait-il pas formidable, avant un examen, de prendre un comprimé plutôt que d'étudier ? », peut-on lire dans un site Internet éducatif recommandé par Sandberg dans son carnet en ligne, son blogue[25]. Le site indique que des chercheurs « travaillent à développer des substances qui peuvent améliorer les capacités mentales ». On les appelle *smart drugs* ou nootropes, ce dernier terme ayant été forgé par le pharmacologue Cornelius Giurgea dans les années 1970, à partir des mots grecs *noos* (esprit) et *tropos* (changement). L'objectif des nootropes est triple : une meilleure mémoire, un esprit plus rapide et des idées plus claires.

Pour l'instant, peu de substances répondent vraiment à la définition scientifique de nootropes, lesquels relèvent donc encore de l'utopie pharmacologique. Toutefois, divers médicaments approuvés par les autorités, la Food and Drug Administration aux États-Unis en tête, pour traiter des maladies neurodégénératives comme le parkinson et l'alzheimer, des troubles du sommeil comme l'hypersomnie (le besoin excessif de sommeil) ou la narcolepsie (assoupissements incontrôlés) ont des propriétés qui s'apparentent à celles dont les transhumanistes rêvent. Par exemple, le Tacrine, le Donepezil et le Piracetam, tous utilisés pour lutter contre les effets de la maladie d'Alzheimer, soulèvent beaucoup d'intérêt chez eux. Max More, le fondateur de l'Institut de l'Extropy (voir deuxième partie, chapitre 3), m'a confié lors d'une interview qu'il en avait essayé plusieurs, dont le Piracetam. Il prétend que le résultat ne fut pratiquement pas décelable sauf lors d'un essai où il avait pris une « dose costaude » : « J'ai alors senti que mes perceptions étaient décuplées et que mes pensées étaient vraiment plus claires. » More rapporte que le Piracetam est particulièrement populaire dans la communauté des musiciens, puisque celui qui en prend entend les notes plus distinctement.

Le Modafinil, qui permet de lutter contre la narcolepsie tout en améliorant le fonctionnement de la mémoire et la capacité de concentration, remporte aussi un grand succès. Des éthiciens américains, dont Judy Illes, de l'Université de Stanford, affirment que ces médicaments sont très attrayants pour nombre de personnes qui doivent briller au jeu de la concurrence : « Suspectant que les autres en consomment, certaines d'entre elles pourraient être poussées à en prendre pour ne pas perdre d'avantage comparatif [26]. »

À tel point que Francis Fukuyama, qui est aussi membre du President's Council on Bioethics, réclamait en 2004 des lois très strictes pour limiter l'usage non seulement des antidépresseurs mais aussi des médicaments contre l'alzheimer. Son but : faire en sorte que seules les personnes véritablement malades aient accès à ces puissantes substances. Et non pas celles qui veulent s'en servir pour aplanir les émotions difficiles — le deuil, par exemple — ou utiliser les médicaments contre l'alzheimer comme neurostimulant *(brain-booster)*. « Devra-t-on tester les étudiants dans les universités avant les examens ? Est-ce que des entreprises obligeront leurs employés à prendre de telles drogues pour augmenter leur rendement ? », s'interroge le bioéthicien Hubert Doucet, de l'Université de Montréal[27].

Liberté cognitive

Mais ce n'est pas seulement en vertu du droit à « l'amplification » que les transhumanistes revendiquent l'usage des drogues. Plusieurs le font en réclamant la « liberté cognitive », c'est-à-dire la possibilité de choisir ses états de conscience, le droit de disposer de son esprit. James Hughes, le secrétaire de la World Transhumanist Association, considère que les drogues sont un problème de santé publique très sérieux, mais que « la guerre contre la drogue n'a fait qu'empirer les choses[28] ». Si les gens se rendent malades en prenant des drogues, ce n'est pas dans une « prison qu'on doit les placer, mais à l'hôpital », écrit-il. Hughes poursuit : « Une société qui nous enlève le droit de mettre du cannabis dans notre cerveau est une société qui nous niera sans doute le droit d'utiliser les nombreuses drogues bientôt disponibles qui permettront de modifier nos humeurs et d'accroître notre intelligence. » C'est une question « d'autodétermination », dit Hughes.

La guerre contre la drogue est inquiétante, selon Hughes, dans la mesure où l'État peut ainsi développer de plus en plus d'« armes pour nous contrôler ». Il cite l'exemple des « vaccins contre les drogues » qui, à son sens, ne sont pas utilisés pour se débarrasser des accoutumances, mais « comme mesures préventives de la part des entreprises qui peuvent forcer leurs employés à les utiliser ». Il serait beaucoup plus intéressant, dit Hughes, de consacrer notre énergie à développer de plus en plus de drogues dont l'usage comporterait de moins en moins de risques pour la santé.

« Après avoir, dans *Le Meilleur des mondes*, monté en épingle les conséquences antidémocratiques de l'intoxication de masse, Aldous Huxley a, à la fin de sa vie, évolué vers une position totalement opposée. Il avait connu certaines expériences positives avec la mescaline », écrit Hughes. Pour neutraliser le premier Huxley, Hughes cite alors un long passage tiré des *Portes de la perception* qu'a écrit le second Huxley : « La seule politique raisonnable est d'ouvrir d'autres portes et de meilleures portes, dans l'espoir d'inciter les hommes et les femmes à troquer leurs mauvaises habitudes pour d'autres, nouvelles et moins dommageables. Certaines de ces portes seront de nature sociale et technologique, d'autres, religieuse et psychologique, d'autres encore, diététique, éducationnelle, athlétique. Mais ce besoin de prendre des pauses chimiques fréquentes de notre moi intolérable et de notre entourage répugnant demeurera. Nous avons besoin d'une nouvelle drogue qui nous soulagera et nous consolera de notre espèce souffrante sans faire plus de mal à long terme que les bienfaits qu'elle apporte à court terme. »

Présages

Si l'on parle ici des substances comme les antidépresseurs, la Ritaline et les *smart drugs*, c'est parce que l'usage qu'on en fait aujourd'hui annonce plusieurs des problèmes que les utopies posthumanistes, explicitement ou non, soulèveront demain. Ces « briseurs de soucis », ces « redresseurs d'humeur[29] » préfigurent les débats à venir sur les rapports entre l'humain et les techniques.

Au premier chef, on se heurte à la difficulté de distinguer entre ce qui relève du traitement d'une maladie, d'une part, et ce qui conduit à un dépassement de la condition humaine, d'autre part ; entre les fonctions traditionnelles, qui sont curatives, et les nouvelles fonctions, qui sont amplificatrices ; entre le fait de soigner des gens « qui ne sont pas bien » et le fait d'améliorer l'état d'individus afin qu'ils deviennent « plus que bien ». C'est la grande distinction entre les notions anglaises de *therapy* et d'*enhancement*. Elle ne va pas de soi. Prenons le cas d'un adolescent de petite taille mais qui n'est pas nain. Son médecin lui propose de prendre des hormones de croissance. Sommes-nous dans les « soins » ou dans l'amplification ?

Les cas de la Ritaline et des antidépresseurs nous montrent que nos sociétés choisissent actuellement de contourner cette question en élargissant toujours plus la sphère du thérapeutique, en agrandissant continuellement le territoire de la « maladie ». Toute insatisfaction, tout écart par rapport à une norme (d'ailleurs fixée par qui ?) tendra à tomber dans cette grande catégorie. Le *shopping* excessif comme le jeu compulsif deviennent des « syndromes » traitables en partie par la pharmacologie ou par des modifications plus radicales.

Déjà, dans le langage quotidien, on ne se contente plus de dire « j'aime le chocolat », on dit « le chocolat, c'est ma drogue », je suis « chocoolique ». Les comportements à la terminaison « *aholic* » se multiplient aux États-Unis comme au Québec : on ne dit plus « je suis un bourreau de travail », mais un *workaholic* ; plus un « passionné d'information », mais un *news junky*. En France et ailleurs dans la francophonie, on utilisera le terme « accro ». Nous nous inventons quotidiennement des accoutumances, des dépendances, qui finissent par nous convaincre que la biochimie est « plus forte que nous », qu'on ne peut y résister, qu'on est « complètement accro ». Ou alors que nos gènes, notre « nature », notre *hardware* nous déterminent.

« Le diagnostic psychiatrique appartient à cette mise en forme normative qui permet de créer un "trouble mental" pour ensuite le découvrir », ironise le philosophe Christian Saint-Germain, qui se plaît à comparer la vulgate psychiatrique contemporaine à une sorte de religion. Caustique, il estime que les éditions successives du *Diagnostic and Statistical Manual* (DSM) marquent un « engouement catéchétique qui débouche le plus souvent sur une prescription sacramentelle correspondante. Le médicament est à l'ordre médical ce que le sacrement est à l'économie dogmatique du salut. Il transite par les mêmes canaux symboliques. Sa dispensation : un bien, une grâce efficace ». Saint-Germain souligne que le DSM-I (1952) comptait 106 catégories diagnostiques différentes, le DSM-II (1968), 182, et le DSM-III, 265 ; sa forme révisée, le DSM-III-R (1987), a élevé ce nombre à 292. « Actuellement, le DSM-IV est en plein découpage, et ses concepteurs réclament à grands cris l'ajout de nouveaux troubles tels que la dénégation inadaptée d'une maladie physique ; le "trouble de la personnalité dominante illusionnée", proposé par les féministes pour rendre compte des convictions des hommes à propos d'eux-mêmes et des femmes ; le *koro*, une anxiété mise en évidence dans certaines cultures asiatiques et associée à la peur d'une rétraction du pénis provoquant la mort ; et beaucoup d'autres encore[30]. »

La classification d'un syndrome comme « maladie mentale officielle » incluse dans le DSM est un enjeu important et fait l'objet de débats et de tractations féroces, comme l'a montré Francis Fukuyama. Dès qu'un trouble reçoit l'onction du DSM, tout un attirail juridique se met en place pour protéger les « malades », pour leur reconnaître le droit à une éducation spécialisée, par exemple. Pour le TDAH, Fukuyama décrit le *lobbying* incessant opéré par l'organisme Children and Adults with Attention-Deficit/Hyperactivity Disorder (CHADD). Ce CHADD a entre autres lutté ces dernières années pour faire en sorte que la Ritaline ne soit plus considérée comme un médicament de type « Schedule III », ce qui signifie qu'elle crée une accoutumance (la cocaïne est classée dans cette catégorie). Des efforts qui ont échoué, en 1995, lorsque les médias ont révélé que CHADD avait reçu 900 000 dollars de Novartis, qui produit la Ritaline.

Si la cause est mécanique, biochimique, on ne peut régler ce problème qu'en agissant sur le même terrain, biochimique. Tenter de contrecarrer ces forces par nos propres moyens non biochimiques revient dans cette optique à se battre contre des moulins à vent. L'humain a beau tenter de « s'améliorer » comme toujours par l'éducation, la culture, l'exercice physique, etc., les résultats déterminants, spectaculaires, disent les transhumanistes, dépendront toujours de technologies, de substances diverses.

Il faut noter que cela s'oppose à une conception freudienne de l'humain, laquelle prenait en compte les tensions internes chez tout individu, tensions dues « au sexe, à la mort et à l'interdit », comme le rappelle la psychanalyste Élisabeth Roudinesco[31]. L'homme selon Freud demeure un sujet qui tente de se comprendre au-delà du plan biochimique. Conscient de sa liberté, il sait pourtant qu'existe en lui un inconscient qui l'empêche d'être totalement « maître de sa maison ». Or, de nos jours, selon Roudinesco, le « sujet » a été remplacé par « un individu dépressif fuyant son inconscient et soucieux d'abraser en lui l'essence de tout conflit ». Autrement dit, les conceptions dominantes de l'être humain veulent « en finir avec la condition humaine ». Selon ce qu'en dit Roudinesco, la psychanalyse servirait actuellement à combattre la posthumanité pharmacologique. « S'agissant du psychisme, écrit-elle, les symptômes ne renvoient pas à une seule maladie, et celle-ci n'est pas exactement une maladie (au sens somatique), mais un état. Aussi, la guérison n'est-elle rien d'autre qu'une transformation existentielle du sujet. »

Déresponsabilisation et dépolitisation

Qu'on soit ou non d'accord avec la perspective psychanalytique, il faut bien avouer que le paradigme biochimique déresponsabilise l'individu plus que toute autre conception de l'humain.

Écrivant sur le TDAH, Carl Elliott raconte que plusieurs adultes insistent sur le fait qu'ils ont été « profondément soulagés » d'apprendre que leurs problèmes de concentration n'étaient pas liés à un « trouble de la personnalité » mais à une « maladie ». Fukuyama va dans le même sens : « Ceux qui s'estiment atteints du TDAH tiennent mordicus à croire que leur incapacité à se concentrer ou à performer convenablement n'est pas, comme on le leur a souvent dit, une question de faiblesse de caractère ou de volonté, mais la conséquence de leur condition neuronale[32]. » Cela s'apparente, dit le philosophe, aux homosexuels qui promeuvent la théorie du « gène de l'homosexualité ».

Une telle conception, si elle venait à se généraliser, pourrait avoir de sérieuses répercussions sur la vie politique. Pour commencer, comment maintenir les concepts clés, en nos démocraties libérales, d'autonomie de la volonté et de consentement libre et éclairé, si l'on est exclusivement mû par notre chimie ? Christian Saint-Germain s'étonne que les éthiciens ne s'occupent pas de « cette redéfinition du moi désormais sous influence[33] ». Les produits de la technologie tels que les antidépresseurs « font apparaître bien rapidement le destin muséologique d'un ordre moral dans lequel une position subjective conserverait quelque fonction déterminante ».

Le besoin de se sentir reconnu risque également d'être comblé de manière bien différente : dans ce meilleur des mondes, Francis Fukuyama souligne que toute histoire politique n'est qu'une succession de luttes pour la reconnaissance. L'industrie pharmaceutique mondiale pourrait permettre de passer outre : « Au lieu de chercher la reconnaissance par le biais de l'édification d'un ordre social plus juste, au lieu de tenter — comme nos ancêtres — de dompter notre ego plein d'angoisses et d'inhibitions, il nous suffit désormais d'avaler une pilule ! » Quant à l'estime de soi, devenue valeur cardinale de la psychologie contemporaine, elle devait jadis être conquise, méritée. On s'estimait lorsqu'on réussissait quelque chose. Aujourd'hui, la vulgate psychologique milite pour le droit à « l'estime de soi », ce qu'antidépresseurs et stimulants procurent en partie et pourront de plus en plus fournir. En somme, selon le philosophe, nous nous retrouvons dans la situation du dernier homme de Nietzsche : toute notre insatisfaction, toutes nos humiliations qui ont fait le lit de l'Histoire, s'évanouissent d'un coup. « Est-ce que toutes les luttes de l'histoire humaine auraient pu être évitées si les gens avaient pu jouir d'un peu plus de sérotonine dans leur cerveau ? Est-ce que César et Napoléon auraient eu l'ambition de conquérir la majeure partie de l'Europe s'ils avaient été en mesure d'avaler un comprimé de Prozac une fois de temps en temps ? Et, si oui, que serait-il advenu de l'histoire[34] ? »

La religion est « l'opium du peuple », affirmait Marx. À présent que le paradigme biochimique fait florès, la phrase cesse d'être une métaphore. Il risque bientôt de n'y avoir plus que des opiums qui jouent le rôle de divinités. Sous forme d'antidépresseurs ou de stimulants. Le neurobiologiste britannique Steven Rose, voulant montrer qu'on a aujourd'hui un regard trop clinique sur la psyché humaine, écrivait ironiquement dans *Nature* que la guerre en Bosnie a sans doute été le résultat « d'un problème de sérotonine dans le cerveau du Dr Karadzic[35] ». Bref, toute cette folie aurait pu être stoppée par « une ordonnance massive de Prozac ». Remarquable boutade. N'est-il pas évident que ces conceptions étriquées de l'être humain conduisent directement à un déclin du politique, au sens large ? Collectivement, le potentiel de révolte s'en trouve effrité. D'abord parce que les médicaments ont pour effet de stabiliser les humeurs. Ensuite, nous le disions plus haut, parce qu'il est déresponsabilisant de croire qu'une substance peut, à elle seule, régler les problèmes humains. Roudinesco cite Henri Laborit, biologiste découvreur du GHB[36], disant : « Sans les psychotropes, il y aurait peut-être eu une révolution dans la conscience humaine disant : "Ce n'est plus supportable !" »

Se river au monde

Dans les années 1960 et 1970, les drogues dominantes comme la marijuana et le LSD étaient toutes « non médicales » et « récréatives ». On les consommait, non sans coûts physiques (pensons aux effets secondaires du LSD), afin de s'évader de ce monde, voire d'explorer d'autres dimensions, d'ouvrir les « portes de la perception ». Cette notion n'a pratiquement plus cours aujourd'hui : « La Ritaline et ses semblables ne procurent pas une évasion, mais permettent au contraire de s'atteler au travail », dit le philosophe Michael Sandel — de se conformer à une norme réelle, de se river au monde. Elles sont au fond le reflet des exigences de notre temps : « Une société compétitive exige que l'on améliore constamment nos performances, voire qu'on perfectionne notre nature[37]. » Même la drogue la plus récréative de notre époque, l'ecstasy, a au fond pour fonction d'améliorer la performance, l'endurance, pour tomber le plus tard possible au combat de la fête[38]. Et parce qu'elle a pour effet de limiter l'appétit sexuel, elle est souvent, dans les *raves*, couplée au Viagra.

« Dans les années 1960-1970, il y avait un sentiment de grande liberté, de créativité, affirme Hubert Doucet, on allait changer le monde ! Aujourd'hui, c'est la désillusion : on n'arrive pas à changer le monde, alors on va s'y conformer. Plutôt que de transformer notre environnement et d'y diminuer les facteurs de stress, on se transforme soi-même pour pouvoir mieux fonctionner stressé[39] ! »

CHAPITRE 3

L'homme éternel

Au congrès Transvision[1], en août 2004, c'est samedi matin, et dans le grand amphithéâtre de la Faculté de médecine de l'Université de Toronto, le biogérontologue Aubrey De Grey galvanise la petite foule de transhumanistes. Au terme d'une présentation Power Point, devant un écran géant contenant simplement deux mots, « *Let's roll* », il déclare que l'on doit, dans la « bataille contre la mort », adopter l'attitude du passager Todd Beamer, du vol 93 détourné par les terroristes le 11 septembre 2001. Beamer est celui qui, en criant « *Let's roll* », aurait tenté le tout pour le tout, menant un assaut contre les terroristes afin de reprendre le contrôle du cockpit. Rhéteur, De Grey n'hésite pas à dresser un parallèle plus qu'audacieux : « Faire comme Beamer, dit De Grey gravement, cela signifie tout tenter [pour vaincre la mort], en sachant qu'il y a peut-être une possibilité d'y rester, une possibilité que nos efforts s'avèrent vains. Si l'on échoue, tant pis. D'autres poursuivront notre œuvre. Et si l'on réussit, un nouveau monde s'ouvre à nous, débarrassé enfin de la grand faucheuse. Alors, *Let's roll !* »

En finir avec la mort est l'obsession centrale des posthumanistes.

Elle prend d'abord la forme d'une lutte acharnée contre le vieillissement, préoccupation majeure dans nos sociétés où la génération du baby-boom, déterminante en Amérique du Nord, prend de l'âge. C'est en masse que, ces années-ci, les membres de cette génération atteignent le seuil des cinquante ans. Au Canada, en 2004, plus de 400 000 d'entre eux ont atteint ce seuil critique. Ils ont ainsi gagné l'importante cohorte des 8,8 millions de Canadiens qui l'ont déjà franchi, soit plus de 25 % de la population, ce qui est sans précédent dans notre histoire. Or, une bonne partie des baby-boomers se sont toujours perçus comme « les jeunes » et ils refusent de délaisser ce statut. À leurs yeux, « le vieillissement est tout simplement inacceptable », nous rappelle l'écrivain François Ricard. Auteur de *La Génération lyrique*[2], l'essai classique sur la génération du baby-boom, Ricard dit entrevoir, pour l'avenir, « un déluge de programmes et de techniques pour rester jeunes ou en forme. On n'a encore rien vu ».

Déjà, on constate la disparition de l'expression « mort naturelle ». « On a toujours besoin d'identifier une cause précise. Or, quand on se met à faire ça, implicitement, c'est qu'on songe à éliminer toutes ces causes, les faire disparaître », fait remarquer le journaliste scientifique Mathieu-Robert Sauvé[3]. En effet, l'idée que la mort est le terme naturel de la vie semble chaque année moins partagée.

Le caractère « naturel » de la vieillesse aussi. Les recherches techniques pour la retarder, voire l'arrêter, sont nombreuses. Pour le biogérontologue Aubrey De Grey, il y a même là une nouvelle frontière à conquérir : l'abolition pure et simple, par la science, du vieillissement. « Vieillir, est-ce une maladie ? » De Grey dit refuser de se lancer dans une querelle sémantique, parce que le débat entre ceux qui croient que le vieillissement est un ensemble de maladies et ceux qui préfèrent singulariser l'affaire et dire qu'il n'y a qu'une seule maladie du vieillissement est selon lui une perte de temps. « Car une chose est sûre, nous répond-il[4], c'est néfaste, ça nous tue. Qu'on appelle cela une maladie ou non m'importe peu. L'important, c'est d'y trouver un remède global le plus vite possible. Et je crois qu'on y arrivera dans les vingt ou trente prochaines années », soit d'ici 2020 à 2030, entre autres grâce au décryptage du génome humain et aux superordinateurs.

Ce scientifique renommé, portant chemise à fleurs, longue barbe rousse et queue de cheval, rappelle vaguement les membres du groupe rock ZZ Top des années 1980. Il poursuit ses recherches, depuis plus d'une décennie, au Département de génétique de la célèbre Université de Cambridge, en Angleterre. Il incarne un mouvement marginal en biologie, quoiqu'en forte croissance, dit-on[5], qui refuse l'inéluctabilité du vieillissement. De Grey a lancé en septembre 2003 un concours scientifique international intitulé « Souris Mathusalem » [Methuselah Mouse Challenge] ayant pour but d'encourager le financement et la recherche d'interventions contre le vieillissement. Toutes les techniques sont autorisées. Les souris candidates doivent être de l'espèce *Mus musculus*. Pour permettre à un chercheur de remporter le prix[6], elles doivent vivre plus longtemps que la souris GHR-K011C, morte une semaine avant d'avoir cinq ans, l'équivalent de cent cinquante ans pour un être humain. On avait modifié un de ses gènes contrôlant la réponse de l'organisme aux hormones de croissance. « D'abord les souris, ensuite les humains », affirme De Grey, qui lui-même a longtemps travaillé sur des mouches.

Refuser l'inévitable

La vision actuelle du vieillissement, « imprégnée de fatalité » aux dires de De Grey, nous empêche de développer un réel traitement contre ce fléau. Jusqu'à récemment, « nous n'avions d'autre choix que d'être fatalistes. Car le vieillissement est vraiment horrible et, en même temps, on ne pouvait vraiment pas y échapper. La seule façon d'affronter quelque chose qui est à la fois horrible et inévitable est de se convaincre qu'après tout cette chose horrible a de bons côtés, par exemple que "c'est bon pour l'espèce". C'est ce que les religions, entre autres, nous ont souvent permis de faire. Mais cette logique s'effondrera bientôt », dit-il avec assurance.

Le fait que les baby-boomers prennent de l'âge pourrait-il « aider » à opérer le changement de perspective qu'il souhaite ? « Peut-être », répond De Grey. Après tout, cette génération dont il fait partie (il est né en 1963) « valorise la vie » et « veut rester jeune ». Mais pour lui, ce n'est pas assez. Il y a encore « du progrès à faire » dans le sens d'un refus global de l'outrage du temps. « Nous sommes toujours aussi hypnotisés par l'idée de la sénescence inévitable. Bien sûr, on est intéressé à la retarder légèrement. Et on se satisfait de vivre jusqu'à un âge raisonnablement avancé. On veut rester le plus possible en bonne santé jusqu'à la mort. Mais les gens ont encore peur de penser qu'ils pourraient vivre vraiment plus longtemps. » C'est-à-dire ? « Je crois qu'un enfant né en 2100 aura, grâce à la science, une espérance de vie de cinq mille ans », affirme-t-il sans rire.

Mais comment pourrait-on arriver à « guérir » ainsi le vieillissement ? De Grey a identifié sept « phénomènes destructeurs » qui se produisent dans le corps et que les scientifiques doivent chercher à éradiquer pour éliminer « l'incessant bombardement de l'artillerie silencieuse du temps », pour reprendre la célèbre formule d'Abraham Lincoln. La plupart de ces phénomènes entraînent une accumulation graduelle, et à terme néfaste, de sous-produits toxiques : les mutations qui modifient la séquence de l'ADN des chromosomes et qui peuvent causer le cancer ; les mutations des mitochondries[7] ; les résidus, comme les radicaux libres, produits par les cellules endommagées ou mortes ; la sénescence des cellules, qui cessent à un moment de se diviser ; les agrégats extracellulaires, comme l'amyloïde, une des causes de la maladie d'Alzheimer ; les liens extracellulaires, qui diminuent l'élasticité des tissus ; l'atrophie et la mort cellulaires.

De Grey a pour chacun de ces phénomènes microscopiques

une idée de traitement s'appuyant sur des recherches actuellement en cours et qu'il dit « prometteuses ». À terme, il croit qu'on aboutira à un traitement qui prendra la forme d'un grand bricolage génétique utilisant les cellules souches. Le traitement serait administré périodiquement (tous les dix ans, par exemple) à un individu pour remettre son horloge du vieillissement à zéro. Cela permettrait de vivre « très, très longtemps ».

Vieillissement réussi

Le grand soir de M. De Grey, celui où l'on inaugurera la fontaine de Jouvence, donne une allure bien modeste à plusieurs autres recherches sur le vieillissement dont l'objectif est simplement d'atteindre « un vieillissement réussi », selon l'expression aujourd'hui consacrée. Cela signifie de garder une personne âgée aussi autonome que possible et de « compresser au maximum la période dite de morbidité », laquelle est dépourvue de toute qualité de vie, explique, lors d'une interview, Bryna Shatenstein, nutritionniste spécialiste en vieillissement à la Faculté de médecine de l'Université de Montréal. Il ne s'agit plus seulement d'ajouter « des années à la vie » — comme on l'a fait au XXe siècle dans les pays développés, où l'espérance de vie est passée de quelque quarante-huit ans à environ quatre-vingts ans — mais de travailler à ajouter « de la vie aux années ».

Mme Shatenstein est l'une des directrices du projet NuAge, une grande étude conjointe de l'Université de Montréal et de l'Université de Sherbrooke sur les rapports entre la nutrition et la santé des personnes âgées. Lancée en mars 2004 et dotée d'un budget de quatre millions de dollars, cette étude évaluera et suivra jusqu'en 2009 plus de 900 femmes et autant d'hommes âgés de soixante-huit à quatre-vingt-deux ans. Le but est de traquer les « états néfastes mais malheureusement fréquents chez nos aînés, telles la perte sélective de la masse musculaire, la sarcopénie et la perte cognitive ou démence, et même l'apparition du diabète ». Mme Shatenstein affirme qu'actuellement, pour retarder le vieillissement, « il n'y a aucun produit miraculeux. Tout ce qu'on peut faire, c'est soigner son alimentation pour qu'elle soit variée ; et se maintenir en forme. Avoir des contacts sociaux. C'est peut-être décevant comme réponse, je le sais. » Cette concession nous permet de mesurer l'abîme séparant les fantasmes des transhumanistes et l'état de la recherche actuelle sur le vieillissement.

Quatre domaines de recherche

Il existe cependant quatre domaines de recherche dans lesquels on semble avoir réussi à ralentir quelque peu le processus du vieillissement. La liste en est dressée dans *Beyond Therapy*[8], ce grand rapport-synthèse, très critique envers les biotechnologies et les utopies qu'elles suscitent, rendu public en 2003 par le President's Council on Bioethics.

La restriction calorique. On sait depuis les années 1930, sans comprendre exactement pourquoi, que de réduire substantiellement la quantité de nourriture ingurgitée par un être vivant a pour effet d'en prolonger la vie. Il faut toutefois diminuer l'apport calorique de 30 à 40 % pour obtenir un véritable effet de ce type. Mais l'augmentation de la durée de vie est réelle chez les rats et les souris (de 30 à 50 %). Un singe soumis à un programme de restriction calorique, à l'Université du Maryland, a atteint l'âge de trente-huit ans. Ce qui équivaut, pour un humain, à cent quatorze ans. Il y aurait cependant des effets secondaires, notamment des problèmes de fertilité. Sans compter le supplice de la faim…

Le traitement des dommages causés par « l'oxydation », c'est-à-dire l'accumulation de radicaux libres, qui sont des déchets cellulaires causant la détérioration des cellules et la réduction de leur nombre. (C'est le troisième « phénomène destructeur » de M. De Grey). Le corps produit des antioxydants et l'alimentation en fournit : ce sont entre autres les vitamines E et C, le SOD (superoxyde dismutase), le CAT (catalase). Ils détruisent plusieurs des radicaux libres. Des expériences sur les antioxydants ont permis de retarder de façon importante le vieillissement des souris, des vers et des mouches.

Différents traitements aux hormones. Les taux d'hormones diminuent avec l'âge. Ces dernières années, des chercheurs ont vu dans l'administration d'hormones la solution au vieillissement. Cela a déclenché les fièvres de DHEA aux États-Unis et en France, et de HGH (hormone de croissance) aux États-Unis. The *New England Journal of Medicine*, après avoir vanté le HGH au tournant des années 1990, a publié un éditorial très critique à son sujet en 2003, affirmant que ses vertus antivieillissement n'avaient pas été bien démontrées.

Les mutations génétiques. En modifiant certains gènes, on peut affecter la durée de vie. C'est ce qu'ont démontré des études faites sur la levure, les mouches, les vers et les souris. Mais on est encore loin des manipulations génétiques sur les humains dont rêve Aubrey De Grey et d'autres, comme Gregory Stock, de l'Université de la Californie à Los Angeles (UCLA).

La fin de la mort

Les nanotechnologies elles aussi font naître des projets ambitieux fondés sur des rêves radicaux. Robert Freitas, un des théoriciens américains les plus connus de cette science de l'infiniment petit, a été embauché par le milliardaire John Sperling. Fondateur de l'Université de l'Arizona, Sperling doit sa fortune (1,5 milliard de dollars, selon la revue *Forbes*) au succès du plus gros réseau éducatif privé des États-Unis, qui compte 180 000 adultes suivant des cours du soir ou des leçons en ligne.

(Immortaliste convaincu, Sperling a aussi embauché des généticiens pour cloner son chien Missy.) Freitas s'est donné pour ambition de fabriquer des robots microscopiques qui pénétreront dans le corps pour corriger tous les effets délétères du vieillissement. On pourrait ainsi venir à bout de « ce qu'on appelle la mort naturelle », qui est à ses yeux « la plus grande catastrophe à laquelle l'humanité ait à faire face[9] ». Chaque année, dit-il, dans le domaine du savoir, la mort détruit « l'équivalent de trois bibliothèques du Congrès ». Le coût est énorme : chaque vie humaine perdue « représente une valeur de deux millions de dollars », calcule-t-il. Dans une outrance propre à l'idéologie immortaliste, il va jusqu'à dire qu'il s'agit d'un « holocauste humain » auquel la nanomédecine du XXIe siècle mettra fin.

D'autres soutiennent qu'avec des populations d'immortels l'économie ne s'en porterait que mieux... Le généticien Gregory Stock, de UCLA, citant une étude effectuée à l'université Yale, estime que « la moitié de l'augmentation du niveau de vie aux États-Unis dans le dernier siècle a pour cause l'allongement de l'espérance de vie[10] ». Dans une argumentation rappelant celle de Freitas, l'auteur de *The Last Mortal Generation,* Damien Broderick, soutient pour sa part que « le drame économique du vieillissement et de la mort est qu'autant d'efforts et de ressources soient consacrés à l'éducation et à la formation alors qu'ils seront inévitablement perdus quelques décennies plus tard[11] ».

Cette nouvelle argumentation antimort suscite nombre de critiques, par exemple de la part du bioéthicien Léon Kass, qui a dirigé la rédaction de *Beyond Therapy.* « Ces gens veulent abolir l'humanité », dit-il[12]. Le philosophe Bill McKibben, dans *Enough*[13], déploie aussi une critique élaborée de l'immortalisme. S'élevant contre l'idée transhumaniste selon laquelle lutter contre la mort ne serait pas plus absurde que de « tenter de trouver des solutions à la presbytie ou à l'asthme », McKibben proteste : « Jusqu'à maintenant, nous sommes des mortels, nous

nous définissons littéralement par le fait que nous périssons. Si nous en venons à ne plus mourir, notre vie telle que nous l'avons connue depuis que nous avons descendu de l'arbre n'aura plus de sens ; nous serons des créatures complètement différentes[14]. » Et si l'on en venait à abolir le vieillissement, quelles seraient les conséquences sociales ? Cela donnerait un tout autre sens à l'expression « président à vie », plaisante McKibben. Aubrey De Grey est agacé par cette question, qu'on lui pose constamment. Elle n'est à ses yeux tout simplement pas pertinente. « Au début du XXe siècle, lorsqu'on a pris conscience de l'importance de l'hygiène pour freiner la mortalité infantile, on savait bien que la population allait augmenter. Or, personne à l'époque n'a empêché les médecins à se laver les mains. Et après, personne ne s'est battu contre les antibiotiques en disant que la population allait augmenter ! C'est absurde », répond-il. Selon lui, les sociétés réussissent toujours à s'ajuster et à s'adapter. Il s'interroge ensuite : « Pourquoi donc, aujourd'hui, devant des techniques aux effets similaires, faut-il qu'on ait à répondre à de telles questions ? » Non, à ses yeux, tout cela n'est pas vraiment important : « En ce moment, 100 000 personnes meurent de vieillesse chaque jour. Nous devons sauver ces vies. C'est la chose la plus importante : arrêter le massacre. Et après, nous nous occuperons des détails. »

La mort suspendue

Puisque l'on ne réussit pas à éviter de vieillir et de mourir aujourd'hui, il faut bien faire quelque chose en attendant que les techniques soient au point, se disent les transhumanistes. Dans *Fantastic Voyage : Live Long Enough to Live Forever* (« Vivez assez longtemps pour vivre toujours »), Ray Kurzweil et Terry Grossman exposent l'ensemble des techniques pour y arriver. L'une de celles que les transhumanistes préfèrent est la congélation du corps, peu après la mort, dans l'espoir d'une réanimation. Ce projet glaçant qu'on nomme « cryonie » et parfois « cryogénie[15] » a ses adeptes, ses associations, ses entreprises et ses clients prêts à payer de fortes sommes. Marginal, le phénomène pose toutefois des questions troublantes sur la vie, la mort et le suicide assisté.

No autopsy : ces deux mots, à côté d'un numéro de téléphone sans frais 1-800, sont gravés en rouge sur le petit bracelet argenté de type « alerte médicale » entourant le poignet de Michael La Torra. La raison qu'il en donne peut sembler pour le moins étrange : « Parce qu'une autopsie, ça brise le corps, et que moi, comme membre d'Alcor, je veux qu'il soit congelé avec le minimum de dommages. J'espère être de retour ici-bas un jour », dit ce professeur d'anglais du Nouveau-Mexique rencontré à Toronto.

Alcor est l'une des cinq entreprises, toutes américaines, qui offrent des services de cryonie, la congélation en vue de la réanimation. Au dire de ceux qui y croient, Alcor est « la plus importante au monde », la mieux organisée. En fait, elle ne parle plus de congélation mais de « vitrification », procédé qui réduit au minimum les dommages causés par les cristaux de congélation. Alcor prétend avoir réussi à ranimer sans dommage apparent un chien qui avait été congelé pendant quatre heures.

Michael La Torra fait partie des 820 « membres » d'Alcor, qui attendent de subir le même sort que les 76 « patients » actuels (et aussi 26 animaux domestiques congelés) : c'est ainsi que l'entreprise désigne les corps qu'elle conserve dans de grands cylindres pleins d'azote liquide à − 196 °C. Juridiquement, les patients « donnent leur corps à la science » (mais la congélation demeure illégale dans certains États, comme dans la province canadienne de la Colombie-Britannique). Aucune cérémonie « funéraire » ne souligne la mise du corps dans l'azote liquide. Le portrait du « patient » est toutefois accroché aux murs de l'établissement.

Alcor, qui mise sur le froid, a pourtant son siège dans un

État désertique, l'Arizona — dont la capitale est Phoenix, du nom de cet oiseau mythique qui renaît de ses cendres et qui est d'ailleurs l'emblème de l'entreprise. Dans son site Internet, elle informe que, depuis le 1er janvier 2005, ses prix ont augmenté de manière importante. Pour la conservation de l'ensemble du corps, c'est désormais 150 000 dollars plutôt que 120 000. Pour une *neuro-procedure*, ce qui, dans le jargon de l'entreprise, signifie la préservation de la tête seule, Alcor demande désormais 80 000 dollars et non plus 50 000. La tête seulement ? Oui, car elle contient tout ce qu'il y a d'important, au dire des adeptes de la cryonie : les souvenirs, l'identité de la personne. « Dans les cent prochaines années, il est très probable — bien que non certain — que la science sera en mesure de réanimer les gens. On pourra leur donner un nouveau corps par clonage », soutient Christine Gaspar, une infirmière de Vancouver, présidente de la Cryonics Society of Canada, qui a participé à la première opération de cryonie au pays en 2002.

Tout cela n'est-il pas profondément macabre ? Max More, célèbre militant transhumaniste du Texas et membre d'Alcor, l'admet : « Je déteste absolument cette idée d'être congelé. » Mais, insiste-il, « c'est quand même préférable aux autres options : être incinéré ou mangé par les vers. La cryonie, c'est un pis-aller ! Mon souhait le plus cher, c'est de ne pas mourir ».

Congélation « pré-mortem »

Même si ce désir de ne pas mourir est obsessionnel chez les transhumanistes, l'acceptation de plus en plus grande du suicide assisté les réjouit. En 1988, Thomas Donaldson, un docteur en mathématiques californien atteint d'une tumeur au cerveau, demanda au tribunal la permission d'être anesthésié et congelé *avant* sa mort. Il estimait avoir un « droit constitutionnel à la congélation pré-mortem ». À l'époque, les médecins croyaient que Donaldson n'en avait plus que pour cinq ans à vivre. Lui estimait que, s'il attendait jusqu'à cette limite, la tumeur allait détruire ses neurones renfermant son identité et ses souvenirs. Bref, attendre la mort pour le congeler deviendrait inutile. Le tribunal refusa. Donaldson fit appel et fut débouté, la cour précisant que toute personne qui aiderait le mathématicien à être congelé avant sa mort serait accusée de meurtre.

Mais Donaldson a survécu ! « Ma tumeur s'est en partie résorbée. Je suis en chimiothérapie depuis ce temps », m'a écrit dans un courriel ce personnage étrange, joint en Australie où il vit maintenant. « Je veux toujours être suspendu pour éviter la mort. Tant que je demeure un *humain pensant*, je suis encore vivant, même si je suis en suspension cryonique. »

Assurance-vie

La cryonie a beau sembler chère, elle reste « une aubaine pour qui espère éviter la mort », peut-on lire dans les documents d'Alcor, laquelle insiste toutefois sur le fait qu'elle ne garantit aucunement la réanimation. La quasi-totalité des membres s'engagent à acquitter les coûts avec leur assurance-vie. La présidente de la Cryonics Society of Canada, Christine Gaspar, explique de plus que, pour assurer une conservation à long terme, il faut y mettre le prix. « Mais l'azote liquide ne coûte pas si cher, nuance-t-elle. Les arrangements actuels permettent de croire que l'on pourrait maintenir les corps en suspension pendant des centaines d'années. » Elle souligne du reste que, dans d'autres entreprises de cryonie, la facture est moins salée. Le Cryonic Institute (CI), situé au Michigan, offre une « solution » à 30 000 dollars et conserve actuellement 68 corps. Il a été fondé par le penseur de la cryonie moderne, Robert Ettinger, auteur de *The Prospect of Immortality*, publié en 1962 à compte d'auteur et qui avait fait sensation malgré ses imprécisions. Ettinger suggérait par exemple que les corps pourraient être expédiés en Sibérie pour y être « conservés dans un lieu naturellement froid[16] ».

« Contrairement à Alcor, le CI n'utilise pas d'anticoagulant ni de produits chimiques complexes comme des produits antigel. Il se borne à refroidir les corps », dit Christine Gaspar. Le CI a accueilli en novembre 2004 son 68e patient, une Française, la mère d'un employé des postes dans la région parisienne, Yvan Bozzonetti. Ce dernier, qui se décrit comme un « physicien amateur », raconte qu'il a dû se battre pour faire en sorte que le corps de sa mère, décédée en France, soit envoyé en suspension chez CI aux États-Unis, car dans l'Hexagone la loi stipule que les cadavres doivent être enterrés ou brûlés. La cryonie y est strictement interdite, selon ce que le directeur des services funéraires, qui détenait le corps, a fait savoir à M. Bozzonetti. Bref, la glace que ce dernier avait placée autour de la tête de sa mère a dû être retirée. Le corps a ensuite été entreposé à une température comparable à celle d'un réfrigérateur, mais beaucoup trop élevée pour les besoins cryoniques. Après trois jours de débat avec les autorités françaises, M. Bozzonetti a finalement réussi à obtenir que le corps soit envoyé en Angleterre, où on l'a mis sous perfusion avant de l'envoyer au Michigan. Les trois jours d'ischémie — c'est-à-dire l'arrêt de l'apport sanguin artériel dans les tissus et les organes — en plus de l'entreposage du corps à la température du réfrigérateur, ne donnent que « peu de chances » à sa mère d'être réanimée en bon état un jour. « Malgré cette faible probabilité, le tout en valait la peine », a soutenu M. Bozzonetti dans un courriel.

Les époux Martinot

Il y a en France une cause plus célèbre que celle d'Yvan Bozzonetti : celle des époux Martinot, qui a fait couler beaucoup d'encre[17] et qui a connu son dénouement en 2006. L'ancien médecin Raymond Martinot et sa femme Monique Leroy avaient pris des dispositions pour être placés à leur mort en suspension cryonique. L'épouse mourut en 1984 et l'ancien médecin en 2002. Mais selon ce que rapporte *Le Figaro*[18], en 2003, les corps « avaient subi un réchauffement inopiné à la suite d'une panne ». Déjà, en 2002, après le décès de l'ancien médecin et sa congélation, « la préfecture du Maine-et-Loire avait été autorisée par le tribunal administratif à pénétrer dans la propriété de la famille afin de procéder à l'inhumation des défunts ». Le fils, Rémy Martinot, avait alors entamé « un combat devant la justice marqué d'échecs successifs devant la cour administrative d'appel et le Conseil d'État. Il menaçait de saisir la Cour européenne des droits de l'homme ». Finalement, les corps ont été incinérés en mars 2006. « Je n'ai pas plus de peine aujourd'hui qu'au moment du décès de mes parents, a déclaré Rémy Martinot au *Figaro*. Le travail de deuil a été accompli. Mais je suis amer de ne pas avoir pu respecter la volonté de mon père [...]. Peut-être que l'avenir montrera que mon père avait raison et qu'il était un pionnier. »

Légendes

Revenons chez Alcor, où la hausse des tarifs, en 2005, fut liée au regain d'intérêt pour la cryonie qui a suivi l'accueil d'un « patient » célèbre. Walt Disney ? Non, la congélation du célèbre créateur de Mickey Mouse est une légende tenace maintes fois infirmée par la famille et par l'entreprise. C'est une autre *legend* — cette fois au sens anglais du terme — qu'Alcor conserve : Ted Williams, grand joueur de baseball des Red Sox de Boston. À sa mort en 2002, un de ses fils, John Henry Williams, a fait savoir que son père serait cryonisé, ce qui a déclenché une querelle familiale très médiatisée. L'Extropien Max More s'est pointé à CNN pour prendre la défense de la cryonie. La fille de Williams,

Bobbie-Jo, considérait comme « dément » le projet de son frère et tenta de démontrer que son paternel, dans son testament, avait clairement dit qu'il souhaitait être incinéré. Elle se battit en vain devant les tribunaux.

Le pdg d'Alcor, Joseph Waynick, reproche aux médias d'avoir traité l'affaire de manière sensationnaliste[19]. Notamment le magazine *Sports Illustrated*, dans un article « plein de détails morbides », a décrit la congélation de la tête du joueur de baseball fissurée par le froid, trouée, intubée et flottant dans l'azote avec les corps d'autres « patients ». « Ce ne sont pas 10 trous que nous faisons dans la tête avant de la congeler mais un seul », répliqua Waynick de façon peu convaincante. En mars 2004, le fils de Ted Williams est mort d'une leucémie à l'âge de trente-cinq ans. Il est maintenant congelé « auprès » de son père.

L'affaire a « donné mauvaise presse à la cryonie », croit Christine Gaspar. Mais Alcor a plutôt semblé en profiter. Elle a dévoilé en 2005 d'importants projets d'expansion. Les embaumeurs de l'Arizona, par une loi déposée au parlement de l'État, ont même tenté en vain de prendre le contrôle du commerce de la cryonie.

Les probabilités techniques réelles que la cryonie remplisse ses promesses sont « presque nulles à court et à moyen terme », affirme un spécialiste de la congélation des organes en vue de leur transplantation, Hui Fang Chen, chercheur à l'hôpital Notre-Dame à Montréal[20]. Chen a développé une technique de congélation minimisant les dommages aux tissus qui lui a permis il y a deux ans de greffer des ovaires gelés de sept rates « conservés une nuit dans l'azote liquide ». Le Dr Chen souligne que c'était déjà tout un défi de congeler ainsi pendant une nuit un seul organe : « Imaginez une personne entière et morte ! » Mais il ne condamne pas les entreprises comme Alcor : « Les scientifiques ont besoin de rêves », plaide-t-il en rappelant qu'il y a cent ans plusieurs se seraient moqués de ceux qui auraient annoncé qu'on irait sur la lune.

Avant les années 1990, d'ailleurs, la cryonie était totalement tombée en discrédit. En 1973, Woody Allen, dans *The Sleeper*[21], l'avait magistralement ridiculisée. C'était devenu pour beaucoup un rêve fou de personnages tels que le prophète *hippie* Timothy Leary, grand consommateur de LSD. (Leary, peu avant sa mort en 1997, a pourtant renoncé à se faire cryoniser.)

Ce sont les promesses des nanotechnologies qui ont relancé, à la fin des années 1980, le « rêve » de la cryonie. En permettant la manipulation des particules élémentaires au niveau moléculaire, elles ont suscité une véritable flambée utopique. Selon ses prophètes comme Eric Drexler, anciennement du MIT, on mettra bientôt au point des « nanorobots » qui pourront circuler dans le corps et réparer tous les dommages causés par les années de congélation. Les nanotechnologies guériraient au passage la maladie qui a causé la mort et rendraient sa jeunesse au corps réanimé. « C'est le pari le plus certain qui se présente à nous », affirme Christine Gaspar. Mais l'ancien directeur des programmes scientifiques de l'organisme Nano-Québec (dont la mission est de favoriser la recherche en nanotechnologie), le chimiste Robert Sing, souligne que Drexler lui-même a modéré ses transports utopiques, vers 2004. Non seulement nous sommes « très, très loin » de ces perspectives chimériques, « mais sans doute n'y accéderons-nous jamais », tranche-t-il.

Malgré tout, l'utopie de la cryonie prospère. Le milliardaire américain Saul Kent, président de la Life Extension Foundation, a révélé en 2004 les plans d'un grand Timeship Building de 180 millions de dollars où l'on conserverait en suspension cryonique près de 10 000 « patients », de même que l'ADN de toutes les espèces menacées. La construction de ce croisement entre Fort Knox et l'arche de Noé devait commencer en 2005. Mais lorsque nous avons vérifié, aucune pierre de cet édifice (dont l'architecture rappelle étrangement celle qu'affectionnait Étienne-Louis Boullé[22]) n'avait été posée. Le lieu même n'était pas encore déterminé.

Peut-être le projet a-t-il été mis sur la glace...

CHAPITRE 4

Des OGM aux HGM

« C'est donc en fait sans grand risque d'être contredit qu'Hubczejak lança en 2013 son fameux slogan, qui devait constituer le réel déclenchement d'un mouvement d'opinion à l'échelle planétaire : "LA MUTATION NE SERA PAS MENTALE, MAIS GÉNÉTIQUE." […] La création du premier être, premier représentant d'une nouvelle espèce intelligente créée par l'homme "à son image et à sa ressemblance", eut lieu le 27 mars 2029. […] En prélude au reportage, Hubczejak prononça un discours très bref où, avec la franchise brutale qui lui était habituelle, il déclarait que l'humanité devait s'honorer d'être "la première espèce animale de l'univers connu à organiser elle-même les conditions de son propre remplacement[1]". »

Contrairement à ce qu'imagine Michel Houellebecq ici, il n'est pas possible, du moins pour l'instant, de modifier la structure de l'homme à notre guise comme on le fait actuellement dans les règnes végétal et animal en manipulant les gènes du maïs, du canola ou du porc. Aucune thérapie génique n'a vraiment atteint son but. Près d'une décennie après la découverte du séquençage du génome humain, les retombées réelles se font toujours attendre.

Selon certains, toutefois, il demeure probable qu'après les organismes génétiquement modifiés, les OGM, nous voyions un jour sortir d'un laboratoire des HGM, des humains génétiquement modifiés. Encore une fois, ce n'est certainement pas pour demain, même si la science reste imprévisible et qu'il faut douter des prédictions des scientifiques (pensons à Gregory Stock qui parle de « notre *inévitable* avenir génétique »).

Il y a sans doute ici une simplification de la génétique humaine. Plusieurs savants confortent ce simplisme. Le nez collé sur leur objet d'étude, ils en arrivent à oublier — volontairement ou non — que tout n'est pas génétique, que l'ADN n'est pas une sorte de programme informatique simple, et encore moins un tableau de commutateurs où il suffit de changer la position — *on* ou *off* — d'un ou de plusieurs éléments pour obtenir, comme par magie, une guérison ou l'élimination d'une caractéristique dérangeante, voire létale[2].

La technique révèle encore ici son ascendant sur notre vision du monde. Dieu, aux yeux des hommes de l'époque « mécanique », prit jadis l'allure d'un « grand horloger ». Aujourd'hui, le créateur semble avoir les traits d'un grand informaticien génétique.

C'est ainsi que certains, aujourd'hui, conçoivent l'homme comme une sorte de « logiciel », voire un ordinateur sophistiqué ; *temporairement* sophistiqué, puisque, dans cette façon de voir les choses, les progrès de l'informatique aidant, il n'aura bientôt « plus de mystères ».

Aux yeux de plusieurs, si tout est génétique, tout peut être redressé, corrigé, guéri et évidemment amélioré *par* la génétique. Le grand généticien américain Jacques Cohen déclarait en 2001 : « Dans les dix ou vingt prochaines années, nous serons en mesure de passer au crible chaque embryon humain pour toutes les anomalies chromosomiques numériques aussi bien que pour de nombreuses affections génétiques [...] dont le diabète, l'hypertension et la schizophrénie. Dans un futur proche, il sera possible d'établir les prédispositions individuelles pour les maladies cardiovasculaires, tous les types de cancers et les maladies infectieuses. Dans un futur différé, on devrait pouvoir identifier divers traits génétiques comme la stature, la calvitie, l'obésité, la couleur des cheveux et de la peau, et même le QI[3]. » Bien sûr, si les recherches pouvaient arriver à éliminer certaines maladies (dégénérescences, allergies, etc.), il serait difficile de ne pas s'en réjouir. Mais lorsque tous les chercheurs vous certifient que le prochain stade du « dopage » sera génétique, on prend conscience d'une possibilité de dérapage. Un scénario possible, ici, est facilement imaginable : au départ, on obtiendrait de belles découvertes permettant de débarrasser l'humanité de maladies terribles. « Ce que la population souhaite, c'est de ne pas être malade. Et si l'on réussit à rendre les gens moins malades, ils se rangeront de notre côté », comme l'a dit le codécouvreur de la structure de l'ADN, James Watson[4]. Mais sans le percevoir, on passerait graduellement de la *guérison des maladies* à l'*amélioration,* voire l'*amplification* de l'humain. Les athlètes seraient à l'avant-garde de ce phénomène comme ils l'ont été pour nombre de découvertes et de modes alimentaires.

Des chercheurs consacreront tout leur génie à « produire » des marathoniens aux muscles nécessitant moins d'oxygène et donc se fatiguant moins vite ; des cyclistes génétiquement modifiés pour pédaler plus vite, plus longtemps, à côté desquels les drogués du Tour de France auraient l'air d'australopithèques ; des explorateurs du Grand Nord améliorés grâce au gène du saumon de l'Arctique... pour éviter les engelures. *The sky is the limit* : voilà l'antiphrase de notre temps sans limites. Les perspectives qu'ouvre la capacité de modifier des humains sur le plan génétique sont infinies. Certaines s'apparentent à des canulars. Pourquoi pas des branchies pour les plongeurs ? Depuis le sapin de Noël qui s'auto-éclaire grâce au gène de la luciole, développé par une firme de biotechnologie anglaise, rien ne peut plus surprendre[5]. Même pas « l'homme ailé », proposé sérieusement par le professeur Joseph Rosen, *senior fellow* de la prestigieuse école de médecine de l'Université de Dartmouth, dans une conférence en 2001. Rosen, entre autres conseiller pour la NASA et l'Académie américaine des sciences, se demandait aussi

« pourquoi les chirurgiens esthétiques ne se consacrent qu'à la restauration des corps selon les canons actuels de ce que nous concevons comme normal, alors qu'ils pourraient permettre aux individus d'explorer les différentes possibilités qu'offre la science ». Selon le récit de la journaliste Lauren Slater dans le magazine *Harper's*, Rosen conclut sa conférence en frappant le lutrin en face de lui tout en réclamant le droit de « sculpter les génotypes[6] ».

Sculpter des génotypes : évidemment, nous n'y sommes pas. Nous n'y serons sans doute jamais puisque les gènes renferment encore plusieurs mystères. Ils forment un ensemble au sein duquel les interactions sont complexes. Certains chercheurs soulignent, par exemple, que l'allèle du gène apparemment responsable de la cellule falciforme de l'anémie offrirait *aussi* une protection contre la malaria. Se débarrasser d'un problème, ici, c'est éliminer du même souffle la protection contre une maladie. Francis Fukuyama a sans doute la bonne métaphore : « Les gènes ont été comparés à un écosystème où chaque élément influence tous les autres[7]. »

L'éthicienne Bartha Knoppers, du Centre de recherche en droit public de l'Université de Montréal, estime que ceux qui — tel Jacques Cohen cité plus haut — échafaudent de grandes utopies dans lesquelles tous les problèmes de l'humanité sont réglés par la génomique se fondent sur une conception simplifiée du phénomène : « Non seulement tout n'est pas génétique, mais il y aura toujours des gènes délétères, des imperfections ou de la diversité. Tout simplement parce qu'il y a toujours eu des mutations et qu'il y en aura toujours[8]. » Les progrès de la génétique aidant, certaines maladies monogénétiques — causées par un seul gène — pourront sans doute être éradiquées. Mais « on n'arrivera jamais à tester ni à éliminer toutes les maladies, toutes les imperfections. Car la nature est toujours en mouvement, en mutation constante ». Sans oublier, ajoute-t-elle, que plusieurs maladies proviennent d'une combinaison de gènes.

Bref, force est de croire que la nature nous réserve encore des surprises. Nous n'en deviendrons pas de sitôt, selon le vœu de Descartes exprimé dans son *Discours de la méthode,* les « maîtres et possesseurs ».

La génétique, nouvelle frontière du dopage

Comme je le notais en introduction, c'est à Lyon, en 1997, dans un colloque intitulé « Sciences de la performance sportive à l'aube du XXIe siècle », que j'ai eu le choc sans doute à l'origine de ce livre. Un kinésiologue canadien, Albert W. Taylor, de l'Université de Western Ontario, l'air inquiet, avait lancé, en conclusion de sa communication : « L'intérêt phénoménal pour la forme physique, les succès sportifs et l'utilisation des drogues pour améliorer les performances nous impose un questionnement fondamental : des mutations qui ne procéderaient plus de la sélection naturelle risquent-elles de se produire ? L'*homo sapiens* est-il vraiment, comme nous le croyons depuis longtemps, la dernière forme que peut prendre l'être humain ? »

Arbitre de lutte olympique depuis le milieu des années 1980, Taylor a lui-même pratiqué ce sport. À l'époque du colloque, en 1997, il était responsable du Centre canadien d'éthique dans les sports, organisme qui procède à des contrôles de dopage « inopinés » et sensibilise les athlètes aux risques du dopage. Selon lui, le fait que la recherche fondamentale, depuis le tournant des années 1990, soit financée non plus par l'État mais principalement par l'industrie — dont les intérêts exigent une application à court terme — n'était pas de bon augure. « Grâce à la génétique, par exemple, on pourra peut-être bientôt guérir la dystrophie musculaire. Mais j'ai peur que ces belles découvertes, après coup, tombent dans de mauvaises mains. Que fera-t-on aux athlètes ? Jouera-t-on aux apprentis sorciers avec leur corps ? » Selon Taylor, si l'on se fie à la façon dont on a utilisé la science dans les sports par le passé, « il n'y a pas de quoi être rassuré ».

Sept ans plus tard, en 2004, une semaine avant les Jeux olympiques d'Athènes, Lee Sweeney, de l'Université de la Pennsylvanie, était formel, à l'autre bout du fil : « Nous nous apprêtons sans doute à assister aux derniers Jeux olympiques sans athlètes génétiquement modifiés[9]. » Dans le long article de couverture du *Scientific American* d'août 2004, M. Sweeney avait raconté que c'est de manière indirecte qu'il s'était intéressé au dopage génétique. Expert ès muscles humains, il menait des recherches visant à développer une thérapie génique — c'est-à-dire utilisant du matériel génétique — dans le but, entre autres, d'aider à soigner la dystrophie musculaire (dégénérescence graduelle des muscles volontaires). « Après quelques publications dans lesquelles nous exposions certains succès, plusieurs entraîneurs et athlètes m'ont téléphoné », raconte-t-il. Ces derniers « provenaient d'Europe et des États-Unis », précise M. Sweeney, qui refuse toutefois de nommer qui que ce soit. Ces sportifs voulaient en savoir plus au sujet des possibles applications des thérapies expérimentales sur une personne bien portante. « Un entraîneur m'a même demandé de traiter l'ensemble de son équipe de football. » Rappelons que l'érythropoïétine (EPO) synthétique, l'hormone au cœur des scandales du Tour de France depuis 1998, était d'abord et avant tout un remède destiné aux anémiques. Le détournement des médicaments et traitements aux fins de l'amélioration des performances du corps — nous l'avons dit — semble être le scénario annoncé de notre « ère posthumaine », pour reprendre une expression de Fukuyama.

Ces requêtes de sportifs ont été une révélation douloureuse pour Sweeney : le dopage chimique serait bientôt remplacé par le dopage génétique, entre autres grâce aux recherches qu'il mène. Il confie : « Je ne comprends tout simplement pas l'état d'esprit de ces sportifs qui sont venus me voir. Ils semblent être vraiment prêts à tout pour obtenir une médaille d'or. J'avais beau leur dire que nos thérapies sont loin d'être au point, qu'elles sont pour l'instant très risquées et testées uniquement sur des rats, rien ne pouvait les ébranler : ils semblaient accepter

d'avoir de grands problèmes de santé à moyen ou à long terme, pourvu qu'à court terme ils obtiennent une médaille. »
Son indignation a poussé M. Sweeney à participer à un groupe chargé par l'Agence mondiale antidopage (AMA) de trouver dès maintenant des façons d'empêcher le développement du dopage génétique. C'est aussi ce qui l'a conduit à publier un article dans le *Scientific American*. Si rien n'est fait, écrit-il, il est très possible qu'on en vienne, d'ici 2015, à utiliser des thérapies géniques pour « améliorer » les athlètes.

Le « meilleur dopage » expliqué

Comment fonctionnerait un tel dopage ? « De nombreuses thérapies géniques qui visent à régénérer les muscles des patients atteints de différentes myopathies sont en train d'être développées », souligne M. Sweeney dans un premier temps. Elles ont pour objectif d'introduire dans les muscles un gène qui « y produirait des substances favorisant la croissance du tissu musculaire, ou alors qui pourrait le protéger de la dégradation ». M. Sweeney a réussi à introduire le gène IGF-1 dans une cellule de muscle de rat grâce à un virus inoffensif *(adeno-associated virus)* qui joue alors le rôle d'un « cheval de Troie ». Il a constaté que ses cobayes obtenaient, même en restant sédentaires, une masse musculaire de 15 à 30 % plus importante que la normale. « On commence à préparer les tests sur des humains », disait-il en 2004.

Créées grâce à une telle thérapie génique, les substances produites dans les muscles ne pourraient pas être détectées puisqu'elles seraient analogues à celles que le corps fabrique normalement. « De plus, dit M. Sweeney, les substances créées par l'introduction d'un gène ne quittent jamais le muscle. Bref, rien dans le sang, rien dans l'urine. » Autrement dit, pour détecter un tel dopage, « il faudrait presque faire une biopsie », explique le chercheur, qui ne cache pas son inquiétude envers le côté « crime parfait » du dopage génétique. En effet, les biopsies sont interdites par les règles antidopage actuelles. Seuls des échantillons de sang et d'urine peuvent être prélevés.

Certains soutiennent que le dopage génétique existe déjà. En France, Gérald Dine, professeur de biotechnologies à l'École centrale de Paris et expert auprès de l'Union cycliste internationale, expliquait en mars 2003 dans un entretien que l'érythropoïétine (EPO) ou les hormones de croissance ne sont pas, à proprement parler, des « médicaments chimiques ou biochimiques[10] ». En effet, elles utilisent « un support cellulaire et sont ciblées sur des substances que le corps fabrique naturellement ». L'EPO sert à augmenter la production de globules rouges, qui apportent l'oxygène à l'organisme. En ce qui concerne l'EPO et les hormones de croissance utilisées par les athlètes tricheurs, explique M. Dine, « elles sont fabriquées par génie génétique et constituent donc un premier pas vers le dopage génétique ».

Lee Sweeney, lui, préfère qu'on n'étire pas trop la notion de dopage génétique. On devrait l'utiliser seulement dans les cas où il y aura véritablement insertion de gènes dans le corps d'un athlète. « Je ne crois pas qu'il y ait à Athènes des athlètes génétiquement modifiés, disait-il à la veille des Jeux olympiques de 2004. C'est une approche trop nouvelle et qui n'a pas, à ma connaissance, passé l'étape des tests sur les animaux. » Mais à Pékin, en 2008 ?

D'autres, déjà, se montrent plus affirmatifs. Marc-André Sirard, directeur du Centre de recherche en biologie de la reproduction de l'université Laval, à Québec, est de ceux-là. Expert en transgénèse animale, lui-même triathlète, il est aussi entrepreneur. Il a cofondé TGN Biotech inc., une entreprise de biotechnologie qui pourrait commercialiser d'ici 2010 des hormones de fertilité recueillies dans le sperme de porcs génétiquement modifiés qu'il désigne par le terme de « bioréacteurs ». Ces hormones seraient vendues à des cliniques de fertilisation *in vitro*.

Selon lui, même si « personne n'en parle ouvertement », il est très possible que des athlètes génétiquement modifiés aient pris part aux JO en 2004. « On sait que les technologies sont disponibles, et ça n'a pas l'air d'être un secret bien gardé que c'est utilisé pour les athlètes, même si on ne nous en a pas encore présenté un[11]. » Chose certaine, s'était-il exclamé, c'est indéniablement « la *meilleure* technique de dopage ! » Car « on ferait sécréter par un coureur, par exemple, des protéines qui augmentent ses capacités en lui injectant des gènes qui *codent* pour la synthèse de ces protéines-là. Impossible à détecter puisque c'est son propre corps qui produirait la drogue. Et en plus, la modification génétique est temporaire ».

M. Sirard rapporte qu'on lui a déjà présenté une technique en développement pour des personnes atteintes de fibrose kystique et qui pourrait ultérieurement être utilisée comme produit dopant : « On fait respirer une fumée de virus qui contient un gène de l'EPO. À ce moment, l'EPO est sécrétée par les poumons, donc dans le tissu pulmonaire, et est absorbée dans la circulation. On obtient ainsi un effet d'érythropoïétine indécelable. » Lee Sweeney est d'accord. M. Sirard affirme que cette technique, si elle est utilisée par des humains, comporte toutefois des risques importants : « C'est difficile à moduler. Si on en met trop, ça peut être mortel. Des lapins transgéniques ont été créés pour sécréter certains de ces produits-là en vue d'applications cliniques, par exemple pour les gens qui ont des chirurgies ou de grosses pertes de sang. Mais plusieurs de ces lapins sont morts car ils produisaient trop d'EPO. Leur sang coagulait. »

Le diagnostic préimplantatoire

Parallèlement au dopage génétique, l'humain génétiquement modifié pourrait apparaître grâce au diagnostic préimplantatoire, cette technique qui, lorsqu'elle sera au point (il est important de souligner qu'elle ne l'est pas totalement), pourrait permettre la « production » de « bébés à la carte », de « bébés sur mesure ». Actuellement, il est possible pour des parents, dans les pays industrialisés, lorsque des raisons médicales le justifient — le risque d'une transmission de maladie héréditaire, par exemple — de choisir, parmi plusieurs embryons, celui qui sera implanté dans l'utérus de la mère.

Marc-André Sirard note que « le diagnostic préimplantatoire est en train de se développer ». À son dire, il est de plus en plus précis, de plus en plus rapide, et comporte de moins en moins de risques. « On peut déterminer sans trop de crainte les embryons qui sont porteurs de gènes indésirables. Présentement, on étudie un ou deux facteurs à la fois mais on peut facilement imaginer que dans quelque temps on fera la même évaluation pour une centaine de gènes. [...] Donc on peut actuellement aller sélectionner parmi quatre ou cinq embryons celui qui a la meilleure combinaison génétique. Il n'y a pas d'intervention, c'est une sélection », lance le scientifique, avant de se corriger : « Il est vrai qu'une sélection, c'est une forme d'intervention, car on choisit à l'avance quelle sorte d'enfant on veut avoir et c'est le premier pas vers la modification. D'où l'inquiétude de certains, actuellement, parce qu'on a déjà franchi ce premier pas. »

D'ailleurs, en février 2002, Shahana et Raj Hashmi, de Leeds en Angleterre, ont reçu de la Human Fertilization and Embryology Authority une autorisation qui les avait remplis de joie. Ils pourraient utiliser, dans le cadre d'une fertilisation *in vitro*, le « diagnostic préimplantatoire » (DPI) afin de donner naissance à un enfant dont les tissus seraient compatibles avec ceux de leur fils de deux ans, Zain, atteint d'une grave maladie du sang. Aucun des parents et des quatre autres enfants des Hashmi n'était compatible. Ils ne pouvaient donc pas offrir une greffe salvatrice. Mais sans doute qu'au moins un des quelques embryons conçus *in vitro* le serait. Et la technique du DPI permettrait précisément de le sélectionner, pour ensuite l'implanter dans l'utérus de la mère. Les cellules souches contenues dans le sang du cordon ombilical de l'enfant serviraient alors à sauver Zain. Mais en décembre 2002, coup de théâtre : la High Court de Londres invalidait la décision de l'instance britannique de réglementation de la procréation assistée, arguant que cette dernière n'avait pas compétence pour donner ce type d'autorisation. La cause a été portée en appel l'année suivante. En 2005, les Law Lords ont donné leur aval à la naissance de « bébés médicaments[12] ».

Cette profonde hésitation, cette volte-face des autorités anglaises illustre bien l'importance du défi posé par les nouvelles techniques de reproduction. « C'est rarement noir ou blanc en bioéthique », affirme Bartha Knoppers[13], de l'Université de Montréal. Tout parent souhaite que son enfant nouveau-né ait la meilleure santé possible. « Rien de plus normal et légitime », insiste-t-elle. Mais ce désir profond, soutenu et exacerbé par la médecine contemporaine, laquelle n'est plus seulement thérapeutique mais de plus en plus *prédictive,* pourrait-il nous conduire graduellement à vouloir contrôler, plus qu'il ne le faudrait, l'ensemble du processus de reproduction, nous faisant ainsi entrer dans une ère transhumaine, voire posthumaine ?

Les premiers DPI datent du début des années 1980. Ils visaient à détecter des embryons atteints d'hémophilie chez des couples susceptibles de transmettre la maladie à leur progéniture. Le Comité international de bioéthique de l'Unesco (CIB) a estimé en 2003 que quelques milliers de DPI avaient été pratiqués dans le monde. En juin 2001, une clinique de Chicago a annoncé par exemple qu'une fillette de six ans, Molly Nash, atteinte du syndrome de l'anémie de Fanconi, avait été soignée grâce à une cellule issue du cordon ombilical de son frère Adam, né après DPI. Début 2002, le *Journal of the American Medical Association (JAMA)* a rapporté qu'une femme avait pu, grâce au DPI, donner naissance à un enfant exempt du gène de la maladie d'Alzheimer dont elle était porteuse.

Jacques Testart, chercheur renommé, auteur de *L'Œuf transparent*[14] et « père » du premier bébé-éprouvette français, mais devenu depuis un des grands critiques des techniques de procréation assistée, croit que le diagnostic préimplantatoire représente « le moyen grâce auquel l'eugénisme pourra accéder à ses fins après quelques millénaires d'essais douloureux et inopérants ».

Car si les premiers cas de DPI nous semblent apporter des bénéfices médicaux évidents, certains y voient une pente risquée.

S'inquiéter ou non ?

Quand je lui demande si nous sommes aux portes du *Meilleur des mondes*, la bioéthicienne Bartha Knoppers (déjà citée plus haut) lève les yeux au ciel. « Rien ne sert de courir après ce que j'appellerais des phobies fantômes. La panique ne peut que conduire les gouvernements à adopter des lois draconiennes qui ne sont même pas basées sur des réalités. »

On retrouve cette même sérénité relative chez Michèle Stanton-Jean, professeure à l'Université de Montréal, qui a été présidente du Comité international de bioéthique de l'Unesco (CIB) et qui est membre de la Commission de l'éthique dans la science et la technologie du Québec. Elle tient à rappeler que nous n'avons pas attendu le DPI pour opérer une sélection sur les enfants à naître. Pensons aux échographies quasi obligatoires qui peuvent détecter des fœtus comportant des malformations anatomiques. Songeons au diagnostic prénatal par amniocentèse, épreuve prescrite aux femmes enceintes âgées de plus de trente-cinq ans, qui conduit dans bien des cas à l'avortement de fœtus atteints de trisomie, du syndrome de Down ou de la fibrose kystique. Or, le DPI, lui, s'effectue sur des embryons. Ce qui porte Michèle Stanton-Jean à dire que, à tout prendre, cette sélection

« est peut-être moins brutale que l'autre, puisqu'elle s'effectue lorsqu'il n'y a que huit cellules ». Elle ajoute que le DPI reste une technique très coûteuse (de 18 000 à 40 000 dollars canadiens) et donc peu susceptible d'être effectué à grande échelle.

Plusieurs DPI

Il y a du reste plusieurs catégories de diagnostics préimplantatoires. Le CIB les a d'ailleurs étudiés pour les distinguer et pour définir des normes en la matière. Au moment de notre entretien, Michèle Stanton-Jean estimait par exemple que, dans l'avis émis par le CIB en 2003, la sélection par DPI pour des conditions médicales était considérée comme « éthiquement valable ». L'avis exclut en revanche le recours à cette technique pour des raisons non médicales, par exemple pour sélectionner des propriétés physiques et mentales estimées souhaitables par les parents, telles que le sexe, l'intelligence, les dons musicaux, l'aptitude pour le sport, l'absence de calvitie, l'homosexualité, la surdité, etc.

Quant aux « enfants-médicaments », comme celui désiré par la famille Hashmi en Angleterre, ils font partie, au dire de Mme Stanton-Jean, des cas qui ont donné le plus de maux de tête aux comités d'éthique. Le CIB a finalement conclu « que si la demande des parents est de sélectionner les embryons pour en choisir un qui n'a pas la maladie, cela pourrait être recevable. Une fois cet embryon choisi, rien n'empêcherait de faire le test pour savoir s'il peut être compatible pour traiter l'enfant déjà affecté ».

Mais n'y a-t-il pas là violation d'un principe éthique — et kantien — fondamental, celui voulant que la personne soit toujours considérée comme une fin et non un moyen ? À ceux qui, comme la biologiste médicale Nouzha Guessous-Idrissi, du CIB[15], dénoncent « l'instrumentalisation de l'enfant », d'autres au sein du même organisme, rapporte Mme Stanton-Jean, rétorquent « qu'un enfant qui a été choisi pour aider son frère ou sa sœur pourrait en retirer de la fierté et n'en serait donc pas nécessairement affecté négativement ». Évidemment, il faudrait ici faire d'autres distinctions : il peut bien être « éthiquement acceptable » de sélectionner un embryon compatible en vue d'une greffe de quelques cellules souches prélevées sur un cordon ombilical. Mais si c'était pour un rein ? Dans ce cas, « on pourrait sans doute parler d'instrumentalisation inacceptable », dit Michèle Stanton-Jean.

Double vigilance

Devant toutes ces nouvelles possibilités, il faut rester vigilant, convient Bartha Knoppers : « La génétique doit être encadrée. » Mais le défi reste, selon la bioéthicienne, d'échafauder cet encadrement en évitant par ailleurs de brimer la « liberté de procréer », durement acquise au siècle dernier aux dépens et de la nature et de l'État.

Elle admet que des tendances inquiétantes existent. Révélées entre autres par ce cas extrême de sélection — qui ne fait même pas intervenir un DPI — effectuée par deux Américaines sourdes et lesbiennes de Washington, Sharon Duchesneau et Candy McCullough. Désirant des enfants sourds, elles ont sciemment choisi, à deux occasions, des donneurs masculins sourds. Et elles ont pu donner naissance à deux enfants ayant ce même handicap. Pour elles, évidemment, il n'y a là aucune infirmité, plutôt une propriété donnant accès à une culture authentique, la culture sourde (je présente le cas plus en détail à la page 92). L'argument culturel convainc même Jacques Testart, qui soutient qu'il faudra peut-être accepter cette volonté des sourds, qui possèdent une culture « structurée ayant sa langue propre ». Bartha Knoppers, bien qu'elle comprenne l'argument culturel — invoqué aussi par certains nains — y voit des phénomènes marginaux. « C'est la liberté en matière de reproduction qui est en jeu ici, argue-t-elle. Que 5 % ou 3 % d'individus dans une population poussent cette liberté un peu trop loin, créant des cas rares ou bizarres, ne devrait pas justifier qu'on brime la liberté des citoyens ordinaires et responsables. » Knoppers insiste : il faut se donner des règles, mais nous ne sommes pas dans un film de science-fiction : « Je connais de vraies personnes, avec de vraies maladies, qui souffrent. Le jour où l'on refusera de les aider par peur d'abus possibles, je trouve qu'on manquera à notre devoir, qui est d'aider les autres. »

Ne pas rejeter certains progrès réels, sans pour autant renoncer à interdire des pratiques répréhensibles, tel semble être le défi de notre temps. « La science est aujourd'hui beaucoup plus soumise au regard de la société, et c'est une bonne chose, dit Michèle Stanton-Jean. Il faut que l'agir humain soit encadré. » Francis Fukuyama note qu'il entend souvent des gens s'interroger : « Pourquoi réglementer ? Toutes ces technologies seront utilisées de toute façon[16]. » Avec une telle logique, selon lui, « on se refuserait à interdire le meurtre, puisqu'il y en aura toujours ».

Surveiller les cliniques privées

Du reste, chartes et règlements imposeront certaines balises. Mais tout comme notre maîtrise de la nature, ils resteront imparfaits. Non seulement ils seront violés, mais certaines dynamiques pourraient nous préparer des lendemains mutants.

Les plus pessimistes, comme Jacques Testart (ou comme Albert Taylor à propos du dopage), font valoir que les lignes directrices comme celles définies par le CIB sont déjà largement enfreintes. Aux États-Unis, entre autres en raison de la nécessité pour le médecin de se protéger des poursuites judiciaires, « on fait régulièrement des DPI dans des cas où il n'y a même pas de pathologie chez les géniteurs, Ou lorsqu'il y a simplement un risque statistique. » Si le gouvernement américain impose des limites aux recherches financées par les fonds publics, ce n'est pas le cas pour celles effectuées par le secteur privé. Au Canada, l'État réglemente les deux. On ne sait toutefois pas exactement ce qui se fait dans les cliniques privées de fertilisation *in vitro*, souligne Michèle Stanton-Jean. Des dispositions de la loi canadienne sur la reproduction assistée, adoptée en 2004, ont quelque peu clarifié ces pratiques. Avant son adoption, le site Internet des cliniques de fertilité Procréa soulignait discrètement qu'aucune « loi définissant le cadre légal et les méthodes de procréation médicalement assistée [n'existe] au Québec ou au Canada ». Selon certains observateurs comme Mme Stanton-Jean, l'absence d'encadrement, pendant une décennie, a favorisé le développement d'une culture du « tout permis », notamment la pratique occasionnelle des DPI visant la sélection du sexe.

Bartha Knoppers voit dans cette situation un réel danger. S'il s'avérait que le DPI se fasse seulement dans les cliniques privées, il faudrait conclure à l'avènement d'un « nouvel eugénisme ». Puisque seules les femmes pauvres demeureraient « soumises à la loterie génétique, alors que les mères riches, elles, auraient accès aux méthodes de sélection ».

Droits individuels et commerce

Jacques Testart craint la démocratisation de la sélection prénatale. Pour lui, la sélection que certains tentent actuellement de mettre en place ne visera pas en premier lieu à éradiquer les pathologies génétiques peu fréquentes : mucoviscidose, syndrome de Down, etc. Le vrai « marché de la sélection » est ailleurs, explique-t-il : « Je vois plutôt se développer des méthodes qui prétendront éviter les pathologies les plus courantes. Celles à cause desquelles tout un chacun meurt. Il y a là "un marché énorme", comme ils disent !» Déjà, Jacques Testart voit se profiler une guerre des prix sur le marché des biopuces, ces outils « à la fois génétiques et informatiques qui permettent de détecter les gènes dans une cellule ». Il affirme qu'une équipe japonaise a même annoncé dès 2004 qu'elle allait lancer sur le marché une trousse de biopuces pouvant caractériser, sur une cellule, la totalité du génome — 30 000 gènes dans l'année — pour 1 000 dollars. « C'est le prix actuel pour une recherche d'un gène de risque de cancer du sein », dit Jacques Testart. Bien sûr, ajoute-t-il, il s'agit peut-être d'« un coup de bluff », mais tout de même, « ces gens ne sont pas des Raël ! Ils sont beaucoup plus sérieux ». Comme tout dans le monde informatique, « les prix sont appelés à baisser beaucoup et très vite », note-t-il. Selon Testart, la combinaison de ce type d'outil avec la mise au point de méthodes pour produire des embryons en grande quantité pourrait faire du DPI, d'ici 2015, une méthode aussi courante que l'échographie.

Si ce scénario s'avérait, un nouvel eugénisme, non pas pratiqué par un État oppresseur mais effectué « dans le secret du cabinet du médecin », comme le dit Francis Fukuyama[17], verrait le jour. Un eugénisme « doux et démocratique », précise Testart.

La compétition normale, éternelle, entre les parents, lesquels veulent que leur enfant soit « en bonne santé, voire un peu plus que le voisin », pourrait tourner, croit Fukuyama, en véritable « course aux armements » dans les prochaines décennies. Son inquiétude à l'égard de la « révolution biotechnologique », comme il l'appelle, provient en partie de là[18] : « J'habite dans cette partie très privilégiée du nord de la Virginie, la banlieue de Washington, et je remarque que les parents sont incroyablement compétitifs en ce qui concerne leurs enfants. Ils veulent pour eux ce qu'il y a de mieux en éducation, pendant l'année scolaire comme lors de la saison estivale. Ils multiplient les cours. Je ne peux m'empêcher d'imaginer une situation où ces parents détiendraient un comprimé ou un outil génétique qui leur permettrait de donner encore plus à leurs enfants : une intelligence, une mémoire plus rapide, etc. Je crois que plusieurs d'entre eux l'utiliseraient sans hésiter.»

C'est peut-être par ce désir parental, « on ne peut plus normal et légitime », que nous pourrions nous engager sur la voie d'un eugénisme plus efficace et plus pernicieux que jamais. Et posthumain, évidemment.

Choisir le handicap de ses enfants ?

Pour nous donner une bonne idée des voies insoupçonnées dans lesquelles cet eugénisme pourrait nous engager, penchons-nous pour clore ce chapitre sur l'histoire de Gauvin McCullough. Gauvin est né complètement sourd. Dure fatalité ? Non. Ses parents, Sharon Duchesneau et Candy McCullough, elles-mêmes sourdes, l'ont voulu ainsi. Ça n'a pas été facile : il a fallu trouver un donneur de sperme qui avait le « bon » gène de la surdité. Or les banques de sperme les éliminent systématiquement.

Nulle science-fiction ici. Plutôt une nouvelle, un fait divers révélé en avril 2002 et qui a déclenché un débat dans les journaux de toute l'anglophonie. Le *Washington Times* et le *Guardian*, notamment, où on a pu lire une des mères du rejeton expliquant que, « s'il avait pu entendre, on aurait eu du mal à l'élever dans la culture sourde ». Au Canada, le *National Post* a consacré un éditorial au cas de Gauvin McCullough. Le journal torontois y a vu « l'apothéose d'une mode intellectuelle » qui, dans les dernières années, a tenté d'éliminer le mot « handicapé ». Cette « revendication bénigne visant à prévenir une stigmatisation dure et injuste s'est muée en une croyance regrettable et aberrante selon laquelle il est acceptable de donner volontairement un handicap à un enfant ».

Selon le *Post*, les arguments qu'on utilise contre le mythe de l'enfant parfait, ce nouvel eugénisme, peuvent servir dans le cas de la « sélection génétique visant à produire un handicap ». Il fait remarquer que tout parent sensé prend conscience un jour ou l'autre qu'il vaut mieux ne pas trop pousser les enfants dans des voies auxquelles ils se montrent réfractaires ; il donne les exemples du hockey et du concours de beauté. « Or, s'il n'est pas raisonnable d'aller contre la nature de nos enfants ou de les pousser au-delà de leurs capacités, il est *a fortiori* condamnable d'altérer délibérément leur nature et de limiter leur potentiel. »

Margaret Wente, chroniqueuse au *Globe and Mail*, a rappelé que le « militantisme sourd a des racines communes avec celui des personnes handicapées ». Les deux mouvements empruntent cependant des chemins divergents de nos jours. Alors que les handicapés visent l'intégration, plusieurs sourds optent pour une forme d'autoségrégation. Ils considèrent que le fait « d'infliger des thérapies » aux jeunes sourds ou, pire, d'insérer des implants est « non éthique et cruel ».

Pourquoi s'évertuer à « transformer une personne sourde heureuse en personne mi-entendante » ? Les militants sourds parlent de la « brutalité de l'assimilation » d'une façon qui rappelle le discours des Amérindiens, dit Wente. Dans cette logique, les implants cochléaires non seulement sont inutiles mais ils représentent « une menace au "droit inhérent au silence" ». Les militants prétendent que la sous-culture sourde constitue « un monde artistique, historique et linguistique riche, dans lequel la personne sourde se sent beaucoup mieux ». En d'autres termes, dans cette perspective, vouloir que les enfants sourds se mêlent aux autres relève d'une sorte de « haine de soi ». Pour les mères du petit Gauvin, si tant de parents sourds souhaitent avoir des enfants entendants, c'est qu'ils « n'ont pas confiance en leur identité ». Ces gens ont été conditionnés à croire que le monde des entendants est meilleur, « ce qui est faux ».

Wente se permet alors une confidence : ses propres grands-parents étaient sourds alors que sa mère ne l'était pas. « Je suis certaine que mes grands-parents n'ont jamais souhaité ne serait-ce qu'une seconde que leur fille fût sourde comme eux. » Ce qui désole la chroniqueuse, c'est qu'à forger ainsi les enfants à leur propre image, les parents restreignent radicalement l'éventail de leurs possibilités : « Gauvin ne sera jamais un chanteur ou un musicien, un preneur de son, une personnalité du monde de la radio ou de la télé, etc. Il n'entendra jamais le chant d'un oiseau, la musique de Bach ou le bruit des vagues. Gagnera-t-il en autonomie grâce à sa surdité ? Je ne crois pas, mais évidemment, je ne suis qu'une sale "oraliste" [discrimination des sourds par les entendants, comme on dit "sexiste"]. »

James Roots, directeur de l'Association des sourds du Canada, a répliqué, dans les pages du même journal (*The Globe and Mail*, 11 avril 2002), aux critiques faites à l'endroit des mères de Gauvin. Lui-même sourd et père adoptif d'un enfant sourd, il fait remarquer que « les non-sourds, au lieu de voir en Gauvin un bébé parfaitement normal, adorable, mais qui est sourd, ont réagi comme s'il était un monstre de type Frankenstein ». Roots dénonce les termes « extrêmement forts » utilisés pour condamner les mères de Gauvin : « génie génétique », « acte horrible », « non éthique », parents « sans cœur ». Cela trahit à ses yeux une attitude hostile à la surdité et à la culture sourde.

Roots distingue les sourds de naissance et les autres, ceux qui le sont devenus, concédant que, dans le second cas, être sourd peut être « traumatisant ». Dans le premier cas, cependant, « la culture sourde est aussi merveilleuse, attirante et unique que toute autre culture ethnique ». En effet, elle a « ses propres valeurs, normes, comportements, rituels, arts, divertissements, héros et, oui, sa propre musique. Qu'elle ait sa langue propre n'empêche pas ses membres de fonctionner pleinement dans la société majoritaire qui ne l'utilise pratiquement pas ». Les sourds préfèrent se refermer sur eux-mêmes ? Roots rétorque que « 90 % des sourds sont nés dans des familles non sourdes. Comment pourrions-nous ne pas interagir avec le monde extérieur ? »

Pour Roots, il n'y a pas tellement de différence entre des parents prêts à « faire ouvrir le crâne de leur enfant pour y implanter de la technologie numérique, soit des implants cochléaires », afin qu'il soit « semblable à eux », et d'autres parents, tels Duchesneau et McCullough, « qui veulent que leur enfant soit semblable à elles », c'est-à-dire sourd. Roots insiste : il ne s'agit pas ici « de génie génétique ». La méthode était « naturelle » : « Elles n'ont pas manipulé ou fait muter un gène, pas plus qu'elles n'ont opéré le fœtus ou fait sur l'enfant, une fois né, du bricolage technologique. »

Les personnes handicapées « traversent une époque difficile », soutient Roots en rappelant que des milliers de Canadiens ont soutenu que « Robert Latimer ne devrait pas payer pour le meurtre par "compassion" de sa fille parce qu'elle était handicapée[19] ». D'autre part, poursuit-il, les gens prétendent que Duchesneau et McCullough devraient « être condamnées en raison de la naissance de leur fils, puisqu'il est sourd ». Il semble bien, conclut-il de troublante façon, que les « non-handicapés veuillent nous faire disparaître, en nous bloquant l'entrée en ce monde et en nous en expulsant le plus rapidement possible ».

DEUXIÈME PARTIE

Que veulent-ils ?
Qui sont-ils ?

Le débat sur la posthumanité a été lancé il y a au moins une décennie. Curieusement, on a rarement posé ces deux questions journalistiques simples au sujet des adeptes de ce mouvement. On a souvent philosophé sans se soucier vraiment de savoir à qui l'on avait affaire. Pour répondre à ces questions, dans un premier temps, je me suis penché sur les écrits des posthumanistes, plus précisément sur leurs nombreux manifestes. Par la suite, je propose un récit impressionniste du congrès transhumaniste Transvision04 auquel j'ai assisté à Toronto, en août 2004. Cette deuxième partie se clôt sur un portrait de ceux qui sont considérés comme les pionniers du mouvement posthumaniste, le couple d'« Extropiens » Max More et Natasha Vita-More.

CHAPITRE PREMIER

Les manifestes des partis transhumanistes

> *Chaque génération aura sa nouvelle version de l'utopie, un peu plus certaine, plus complète et plus réelle, dont les problèmes cerneront de plus en plus près les problèmes des choses qui sont*[1].
>
> H. G. WELLS, *A Modern Utopia*

« Transhumanistes de tous les pays, unissez-vous ! » C'est sur cette boutade que se termine un des très nombreux manifestes transhumanistes à avoir été rédigés ces dernières années, « Democratic Transhumanism 2.0 », de James Hughes. L'allusion marxiste n'a rien d'innocent dans le cas de ce professeur de science politique du Connecticut, spécialiste des systèmes de santé. Directeur exécutif et secrétaire-trésorier de la World Transhumanist Association (WTA), Hughes incarne presque à lui seul la branche « de gauche » de la pensée transhumaniste.

Cette idéologie n'est pas — disons, n'est plus — aussi monolithique qu'on pourrait le croire : elle loge à la gauche extrême (chez l'ancien penseur des Brigades rouges Antonio Negri, par exemple) comme dans la droite libertarienne américaine la plus dure. Ces gens ont en commun d'écrire beaucoup :

manifestes, déclarations, FAQ (*frequently asked questions*[2]), tous textes programmatiques. Un militant, un site Internet, un manifeste : il y a là une quasi-règle.

Si la pratique du manifeste est un peu surannée, un peu XXe siècle — et surprenante chez des penseurs adorateurs de l'avenir — il faut toutefois noter une caractéristique « postmoderne » : aucun des manifestes ne se veut stable. Non seulement les transhumanistes écrivent beaucoup, mais ils *réécrivent* constamment, recréant, amplifiant leurs déclarations et les renommant périodiquement comme on fait des « mises à jour de logiciel », par exemple. Le texte canonique *Principles of Extropy*, de Max More, en est à sa version 3.1. Cherchant à appliquer leurs thèses ultra-évolutionnistes jusque dans la formulation de leur pensée, les Mutants, des transhumanistes français, écrivent même : « Il est fortement conseillé de modifier le texte à votre gré, voire de le transformer en son ou en image. Vous êtes en effet le meilleur juge de sa capacité de pénétration des esprits de votre entourage : telle phrase inutile sera supprimée, telle autre ajoutée. L'essentiel est de préserver l'idée nucléaire : nous allons muter pour évoluer. Les mots qui entourent cette idée ne sont que des récepteurs de surface, destinés à s'accrocher aux neurones, à révéler la mutation[3]. »

La manie des manifestes a l'avantage de nous permettre de différencier ici trois grands courants de cette mouvance :

- D'abord, les « modérés » de la WTA, ceux qui ont produit la « Déclaration transhumaniste », parmi lesquels on trouve James Hughes, dont j'ai parlé plus haut, et son manifeste du « transhumanisme démocratique ».
- En deuxième lieu, la philosophie posthumaniste ultralibertarien de l'Extropy, telle que développée dans plusieurs textes par son penseur phare, Max More.
- Enfin, je me pencherai sur le manifeste du groupe français des Mutants, dont la position peut se résumer par l'expression choc de « principe d'imprécaution ».

1. La version modérée

Rédigée par des partisans de la World Transhumanist Association (WTA), au premier chef son fondateur, le jeune philosophe Nick Bostrom (il avait vingt-cinq ans lorsqu'il a confondé cette organisation en 1998), la « Déclaration transhumaniste » (DT) veut manifestement susciter une large adhésion. Les sept éléments qu'elle contient constituent le plus petit dénominateur commun de tous les transhumanistes. Les signataires appartiennent autant à l'Extropy (par exemple Max More, un posthumaniste libertarien) qu'à la frange dite démocratique, acceptant l'étatisme, comme Hughes.

Consensuelle, la DT fait appel au « bon sens », prône la discussion, le débat, la « création de forums ». Son langage est celui des « droits », dont l'un cardinal, sans lequel on ne pourrait parler de transhumanisme : « le droit moral de ceux qui le désirent de se servir de la technologie pour accroître leurs capacités physiques, mentales ou reproductives ». Là où des extrémistes affirmeraient de manière « virile[4] » leur ultratechnophilie, la DT, elle, prône (plutôt mollement) le fait de rester « généralement ouvert à l'égard des nouvelles technologies ». Elle exprime son refus de toute « technophobie », d'où découlent des « prohibitions inutiles », et affirme qu'il serait « catastrophique » qu'à cause de ces deux phénomènes (technophobie et prohibitions) « les avantages potentiels » des technologies « ne se matérialisent pas ». En revanche, la DT n'hésite pas à évoquer un éventuel dérapage technique qui entraînerait le pire : « Il serait tout aussi tragique que la vie intelligente disparaisse à la suite d'une catastrophe ou d'une guerre faisant appel à des technologies de pointe. »

Le transhumanisme tel qu'il est présenté dans cette déclaration est la version la plus molle, la plus *mainstream*, c'est-à-dire la plus en phase avec les idées dominantes des pays industrialisés. Le dirigeant de la branche montréalaise du transhumanisme, Justice de Thézier (un pseudonyme), affirme même que la pensée de son groupe se situe dans la lignée « technoréaliste », courant qui a exposé sa perspective dans un manifeste publié à la fin des années 1990 et qui avait pour but de refroidir les ardeurs de l'hyperoptimisme qui exsudait alors des discours sur les « nouvelles technologies », le « siècle cyber », etc. Cette vogue avait cours, souvenons-nous, avant l'éclatement de la bulle boursière technologique au printemps 2000. En somme, les transhumanistes de la WTA cherchent par leur déclaration à garder un « profil bas » : aucune envolée technoprophétique ici, à l'inverse des propos néofuturistes des Mutants.

Les auteurs de la DT revendiquent même des principes humanistes : à l'article 7 de la « Déclaration transhumaniste », ils affirment que leur idéologie « englobe de nombreux principes de l'humanisme moderne ». Mais en bons postmodernistes qui veulent en finir avec les « dualismes » et les « frontières », notamment celles qui séparent l'homme de l'animal ou de la machine, ils prônent « le bien-être de tout ce qui éprouve des sentiments, qu'ils proviennent d'un cerveau humain, artificiel, posthumain ou animal ».

1. 5. La Next Left *ou le transhumanisme de gauche*

Cette dernière phrase est manifestement inspirée par James Hughes, signataire de la « Déclaration transhumaniste ». Hughes, qui a milité autrefois dans les mouvements écologistes, a produit le texte transhumaniste le plus « à gauche », au moins en apparence : « Democratic Transhumanism 2.0 » (DT2). Programmatique, ce texte précise et développe la DT et cherche à situer cette idéologie particulière dans l'histoire de la pensée politique et l'évolution idéologique des dernières décennies. Son caractère élaboré et polémique (Hughes y critique les transhumanistes libertariens) mérite qu'on s'y intéresse.

Selon Hughes, nous en sommes à une nouvelle étape de la politique occidentale, voire mondiale, celle de la « biopolitique⁵». Il précise que cette dernière n'est pas complètement autonome et s'ajoute aux deux autres couches que sont les politiques « économique » et « culturelle ».

Le bioluddisme, héritier du luddisme du XIXᵉ siècle

Dans le ring de la biopolitique, explique Hughes, deux pôles se dégageront et s'affronteront. Le premier regroupe les *bioluddites* ou *bioconservateurs*. Comme l'explique le politologue Klaus-Gerd Giesen, les luddites étaient ces artisans anglais qui, en 1811-1812, ont été parmi les premiers à contester violemment l'industrialisation de la société anglaise, en s'opposant à la mécanisation des ateliers de tissage. « Leurs destructions et émeutes quasi insurrectionnelles furent dirigées contre les nouvelles machines de travail qui allaient, tôt ou tard, les remplacer et les condamner au chômage et à une vie misérable. Ces années sont celles du sabotage des métiers mécaniques dans le Lancashire, des métiers à tondre dans le Yorkshire et de la résistance à l'effondrement du système coutumier de tricotage sur métier des Midlands. En pleine transition entre deux époques historiques du capitalisme — la manufacture et la grande industrie — les ouvriers se donnaient pour nom collectif celui d'un mythique "Général Ned Ludd" ou "Roi Ludd" pour revendiquer une lutte anti-industrielle commencée sporadiquement quelques années auparavant par les sabotages des passementiers de Hollande, des tisserands allemands ou encore des cigarières espagnoles⁶. »

L'incarnation la plus claire de la mouvance du bioluddisme, selon Hughes, est le philosophe Leon Kass⁷, qui a occupé, de 2001 à 2005, la présidence du President's Council on Bioethics. Dans les milieux transhumanistes, Kass est considéré comme une sorte d'antéchrist. Il a commencé à dénoncer la perspective du clonage dès les années 1960, après que des têtards eurent été clonés. Dès 2001, sous son influence, la Maison-Blanche a pris position contre les recherches sur les cellules souches.

L'autre pôle de ce que Hughes appelle la biopolitique est

évidemment composé des différents courants transhumanistes. Hughes fait une comparaison historique qui donne évidemment le beau rôle à son camp — un rapprochement qui vient d'ailleurs appuyer la thèse du philosophe Daniel Tanguay selon laquelle le transhumanisme remplit le vacuum créé par la disparition des utopies politiques, notamment communistes : « Le spectre biopolitique est encore en train d'émerger, écrit Hughes, et se manifeste chez les intellectuels et les activistes. [...] Actuellement, ces deux pôles de la biopolitique sont en phase de cristallisation, et nous nous trouvons à un stade comparable à celui de la politique économique du XIXe siècle, où la gauche et la droite se sont formées. En gros, lorsque Marx a contribué à la fondation de l'Association internationale des travailleurs, en 1864, ou lorsque la Fabian Society fut fondée en Angleterre en 1884 : les intellectuels et les militants s'échinant alors à rendre explicites les fronts déjà existants, avant la formation des partis populaires et avant le ralliement de ces derniers sous leurs bannières. »

Avec son texte « Democratic Transhumanism », publié en 2002, Hughes voulait stimuler un courant de gauche, selon lui beaucoup trop timide, au sein du mouvement. Jusqu'à cette époque, à ses yeux, les transhumanistes n'ont fait que reprendre et adapter « différents avatars de la pensée libertarienne » de droite. Il n'est pas le seul à faire ce constat : « Les transhumanistes sont dans leur immense majorité des libertariens anarcho-capitalistes convaincus que seul le marché a les bonnes vertus [...]. Les œuvres du théoricien néolibéral Friedrich von Hayek figurent sur pratiquement toutes les listes de lectures recommandées », écrit Klaus-Gerd Giesen[8].

Hughes enjoint à la gauche de repenser son rapport avec la technique, de le réinventer au sein du transhumanisme. Selon lui, il y a là la possibilité de créer une *Next Left*, en écho à la *New Left*, nouvelle gauche américaine des années 1970 et 1980. Hughes suggère aux progressistes de refaire l'alliance entre la technique et les utopies de gauche du XIXe siècle, comme celles de Robert Owen, Charles Fourier et Saint-Simon. « L'optimisme technologique caractérisait ces pensées », dit-il non sans nostalgie. Or, dans le dernier siècle, affirme Hughes, la gauche s'est tranquillement détachée de cet optimisme pour devenir en grande partie « luddite ». En somme, c'est la tradition « romantique de gauche, née en réaction à la technologie moderne », qui a pris le dessus. À preuve, le fait que, depuis 2000, nombre de « bioluddites de gauche ont rejoint la droite chrétienne dans son opposition aux recherches sur les cellules souches ».

Hughes, qui n'hésite pas à se réclamer de la pensée prométhéenne marxiste et même de sa volonté de produire un « homme nouveau », présente son optique comme un prolongement logique des Lumières. « Le transhumanisme démocratique découle de l'idée que les êtres humains seront généralement plus heureux lorsqu'ils maîtriseront les forces naturelles et sociales qui limitent leur vie. » C'est là une affirmation fondamentalement humaniste dont ont découlé deux valeurs essentielles depuis les Lumières : d'une part, « la tradition démocratique, avec ses principes de liberté, d'égalité et de solidarité, de même que l'idée de gouvernance collective », d'autre part, « la croyance dans le progrès scientifique, selon laquelle les êtres humains peuvent user de la raison et de la technologie pour améliorer leurs conditions de vie ». Or, soutient-il, si l'on veut vraiment que les objectifs de « liberté, égalité et solidarité » soient réalisés, les « progressistes doivent impérativement raviver la tradition techno-optimiste ».

Pour Hughes, contrairement à nombre de transhumanistes, l'État aura un rôle très important dans le monde posthumain : « Il n'y a que l'intervention régulatrice directe de l'État qui nous permettra d'échapper aux conséquences catastrophiques qui peuvent découler des nouvelles technologies. » Dans son traitement des risques, la pensée de Hughes se distingue de l'optimisme presque illimité de la majorité des transhumanistes. Selon lui, la technologie peut certes régler nombre de problèmes et avoir un rôle central dans le bonheur de l'humanité ; il n'en est pas moins vrai qu'elle peut déraper.

La technologie pourrait par exemple créer de nombreuses inégalités ou encore approfondir celles qui existent déjà. Ce sont là des risques de l'ère posthumaine qui commandent une intervention de l'État. Sans ce dernier, croit Hughes, seuls « les riches auront les moyens biotechnologiques d'avoir des enfants en meilleure santé, plus forts, plus intelligents et qui vivront plus longtemps ». L'amplification, la mutation doivent être à la portée de tous. Hughes ne croit pas, contrairement au philosophe extropien Max More, que le libre jeu des forces du marché permettra ultérieurement aux technologies d'être accessibles au plus grand nombre. Hughes souhaite donc que l'État leur en garantisse l'accès. « Une des revendications les plus progressistes, écrit-il, sera de s'assurer qu'il y ait un accès universel aux technologies de choix génétique, lesquelles permettent aux parents de s'assurer que leurs enfants aient des capacités biologiques égales à celles des autres enfants. » Hughes souhaite aussi qu'il y ait un transfert de technologie massif vers les pays en voie de développement, afin que les pays riches ne soient pas les seuls à atteindre l'ère posthumaine.

Dans l'optique de Hughes, le transhumanisme poursuit et élargit donc les luttes menées dans les années 1960 par les mouvements des droits civils. Il considère que le transhumanisme a le devoir de revendiquer des droits pour toute personne qui a changé sa morphologie, mais aussi de permettre à celles qui souffrent d'une oppression « liée à leur corps » de tenter de se libérer de celui-ci.

De qui parle-t-il ? Les réponses qu'il apporte à cette question sont d'un grand intérêt.

a) Les féministes

Tout d'abord, selon James Hughes, les féministes doivent prendre conscience que le transhumanisme est une manière de faire avancer leur combat pour la « libre disposition du corps de la femme ». Il écrit que « les naissances technologiquement assistées, lesquelles nécessiteront éventuellement des utérus artificiels, libéreront encore davantage les femmes de l'obligation d'être les réceptacles involontaires et vulnérables de la génération future ». Si elles veulent ainsi éviter la grossesse pour poursuivre leur carrière, « sur quelle base pourrions-nous le leur interdire ? », s'interroge Hughes. Le philosophe se réfère notamment au « Cyborg Manifesto » de l'artiste Donna Haraway. Par ce texte qui se terminait par la phrase choc « je préférerais être un cyborg qu'une déesse », Haraway, à la fin des années 1980, avait voulu faire valoir que l'effacement des différences entre l'homme et la machine permettrait de « libérer les femmes des vieux dualismes patriarcaux ».

Le transhumanisme de Hughes — il est lui-même marié à une artiste posthumaniste, Monica Bok — est une pensée « artificialiste ». Pastichant Simone de Beauvoir, il pourrait dire : « On ne naît pas humain, on le devient. » La nature n'existe pas en soi, c'est une construction, et lorsqu'on l'invoque, on ne fait en définitive qu'appliquer une règle sociale construite. Il faut casser ce processus, croit-il. Le sujet doit retrouver et développer toujours davantage son emprise sur soi.

b) Les transgenres

Tous les mouvements qui revendiquent la « libre disposition du corps » devraient être représentés au sein de la WTA. Dans cette perspective, « les transsexuels ont été les premiers transhumanistes », soutient Hughes en citant Vanessa Foster, présidente de la National Transgender Action Coalition. Ils choisissent leur corps, lui donnent le sexe qu'ils désirent ; ils ne se laissent pas imposer celui que le sort — ou le hasard, mais certainement pas Dieu, dans leur perspective — leur a attribué. Foster avait d'ailleurs développé cette idée lors du congrès Transvision 2003. Hughes qualifie les transgenres de « troupes de choc du transhumanisme ».

Il faut aussi, au nom de la liberté et de l'égalité, laisser la technologie multiplier les types de famille. Hughes se réjouit que « la fécondation *in vitro* permette déjà aux lesbiennes d'avoir des enfants sans relations sexuelles avec un homme », tandis que le clonage permet aux couples gays d'avoir un enfant. L'ennui est que, pour l'instant, ce dernier « n'est le rejeton que d'un seul des deux parents ». Il y a cependant de l'espoir, dit Hughes, car « les travaux sur les ovules fécondés avec l'ADN d'un autre ovule, ou ceux qui permettent de remplacer l'ADN de l'ovule avec de l'ADN venant du sperme, permettront bientôt aux parents gays d'avoir des liens génétiques avec leurs enfants ».

Hughes voit aussi une cause transhumaniste dans le combat du militant gay Randy Wicker. Ce dernier, raconte-t-il, « a eu une révélation » durant le débat qui a entouré le clonage de la brebis Dolly : « Wicker a alors pris conscience que le droit au clonage était une question de droit fondamental en matière de reproduction puisque "le clonage rend obsolète le monopole historique de l'hétérosexualité sur la reproduction". »

c) Les drogues et la liberté cognitive

Pour Hughes, le mot « corps », dans la formulation habituelle du principe cardinal des militants pro-avortement, soit « disposer librement de son propre corps », inclut évidemment le cerveau et la possibilité d'user de toute substance pour amplifier ou modifier ses capacités. Par conséquent, il souligne que son transhumanisme démocratique appuie à fond une « lutte de libération fondamentale », celle menée par la chercheuse Wrye Sententia au sein du Center for Cognitive Liberty and Ethics, dont elle est la fondatrice. « Nous cherchons à établir, à promouvoir et à protéger le droit de chaque individu d'utiliser toutes les dimensions de son propre esprit, de s'engager dans une multitude de modes de pensée et d'expérimenter plusieurs types d'état de conscience », écrit Sententia. Pour cette chercheuse, la « liberté de pensée » inclut la souveraineté sur sa propre cognition. Ainsi, les choix en cette matière doivent rester du domaine de l'individu et ne pas relever de celui du gouvernement ou des industries[9].

d) Les handicapés, premiers cyborgs

Hughes considère comme prémonitoire la condition des handicapés vivant avec des prothèses sophistiquées et grâce à elles, mais aussi grâce à des implants informatiques. « Ils sont nos alliés naturels », écrit-il, puisque « nous luttons pour leur droit à l'intégration, mais aussi pour leur libération technologique ». Que tant d'handicapés « embrassent l'image transgressive du cyborg » le comble. Le journaliste paraplégique John Hockenberry a expliqué dans le magazine *Wired* que les handicapés repoussent les limites de l'humanité : « Alors que les caractéristiques de l'humanité sont ramenées sur la table à dessin, les handicapés démontrent qu'ils ont un avantage considérable puisqu'ils utilisent la technologie d'une manière quotidienne depuis des années pour se déplacer, communiquer et interagir avec le monde. » Ce serait là une preuve que l'humanité a pris les rênes de son évolution : « Dans la majeure partie de l'histoire de l'humanité, les handicapés mouraient ou alors on les laissait mourir. » Grâce à la technologie, ils vivent aujourd'hui une vie « pleine et entière », et plus cela leur est possible, plus « la définition de ce qui est humain s'élargit ». Hughes cite aussi en exemple l'ancien acteur Christopher Reeves (qui a incarné Superman et est devenu tétraplégique après un accident d'équitation), « le symbole le plus connu du transhumanisme handicapé[10] ». Autre handicapé-cyborg célèbre et célébré : l'astrophysicien britannique Stephen Hawking (mentionné plus haut).

Hughes fait remarquer que plusieurs groupes d'handicapés se sont opposés aux « technologies d'amplification », tel le diagnostic préimplantatoire. Selon eux, ces techniques conduiront à un « eugénisme nouveau genre », entre autres à une « élimination » des handicapés. Hughes estime qu'ils font erreur. Il cherche à les rassurer en affirmant que « la plupart des handicapés ne sont pas des luddites. La plupart d'entre eux croient que l'on devrait laisser les parents choisir d'éviter le plus possible d'avoir des enfants non handicapés. De même qu'ils croient que nous devrions utiliser et développer des technologies pour surmonter ces handicaps ». Hughes précise que les transhumanistes plaideront toutefois en faveur du droit de ne pas être « fixé dans un état », c'est-à-dire de pouvoir choisir de « ne pas être normal ». En fait, « le droit de ne pas être contraint par la société d'adopter un corps normal constitue une revendication centrale pour nous ». Concrètement, cela implique que les transhumanistes appuient les couples comme celui des lesbiennes sourdes américaines Sharon Duchesneau et Candy McCullough[11].

Par ailleurs, Hughes se réjouit du fait qu'il existe une petite organisation transhumaniste regroupant des personnes handicapées, la Ascender Alliance. Elle a été fondée par le Britannique Alan Pottinger et elle a — bien entendu — son manifeste. Celui-ci reconnaît aux mouvements de défense des handicapés le droit de critiquer les nouvelles formes d'eugénisme et d'exprimer leurs inquiétudes à l'idée que les handicapés puissent être laissés de côté. « Mais au lieu d'adhérer au luddisme, note Hughes, Pottinger enjoint aux handicapés de se rallier au mouvement transhumaniste afin de se débarrasser des limites politiques, culturelles, biologiques et psychologiques qui entravent l'autoépanouissement et l'amélioration des individus, puisque tout être humain a un droit à *l'ascension*. »

La question des handicapés est extrêmement importante aux yeux de Hughes, puisque, au fond, « plus l'intelligence artificielle deviendra sophistiquée et plus le travail s'automatisera, tant dans les secteurs manuels que dans celui des services et des tâches intellectuelles, plus nous, humains, deviendrons des handicapés », écrit-il.

e) Les défenseurs des droits des animaux

James Hughes soutient enfin que le transhumanisme de gauche doit faire des alliances avec « les franges les plus sympathiques » du mouvement pour les droits des animaux. En effet, ces mouvements ont en commun d'être opposés à l'anthropocentrisme. « Mais au lieu de réclamer des droits pour toute forme de vie, l'éthique transhumaniste cherche à établir une solidarité entre toutes les formes de vie intelligente et réclame une citoyenneté pour elles. » Hughes, qui a publié en 2004 *Citizen Cyborg*[12], affirme qu'il « attend avec impatience l'avènement d'une société dans laquelle les humains, les posthumains et les non-humains intelligents seront tous citoyens de la *polis*. Par conséquent, il sera normal pour les transhumanistes d'appuyer les revendications du Great Ape Project », un groupe de militants entourant les chercheurs Paola Cavalieri et Peter Singer. Ceux-ci réclament que la protection des chartes des droits s'étende aux grands singes. Hughes ajoute évidemment que toute forme d'intelligence dite « artificielle » (on pense aux robots) qui émergerait éventuellement dans ce siècle devrait avoir droit au même type de protection.

Selon Hughes, « les militants du transhumanisme démocratique ne sont pas très nombreux et auraient du mal à remplir une salle de classe normale ». Il ajoute toutefois que plusieurs personnes partagent ses positions, sans connaître l'étiquette de « transhumanisme démocratique ». Il semble ignorer que des penseurs d'extrême gauche européens ont, ces dernières années, développé des thèses en parfaite conformité avec ce qu'il propose. Pensons à Antonio Negri et Michael Hardt, coauteurs du livre *Empire*, un des ouvrages phares de l'altermondialisation. Negri a été un des penseurs des Brigades rouges, le groupe terroriste italien des années de plomb. Se réclamant de Foucault, Negri et Hardt se font, dans *Empire*, des plus explicites. Notamment dans un passage que Hughes ne renierait pas, bien au contraire. Je le cite en entier :

Les corps eux-mêmes se transforment et mutent pour créer de nouveaux corps « posthumains ». La condition première de cette transformation corporelle est de reconnaître que l'humaine nature n'est en aucune façon séparée de la nature dans sa globalité, qu'il n'y a pas de frontières fixes et nécessaires entre l'homme et l'animal, l'homme et la machine, le mâle et la femelle, et ainsi de suite. C'est la reconnaissance que la nature elle-même est un terrain artificiel ouvert à de nouvelles mutations, à de nouveaux mélanges, à de nouvelles hybridations. Non seulement nous subvertissons consciemment les frontières traditionnelles habillés en travesti, par exemple, mais nous nous déplaçons dans une *zone au milieu* créative et indéterminée, entre les frontières et sans considération pour elles. Les mutations corporelles actuelles constituent un exode anthropologique et représentent un élément extrêmement important — quoique toujours parfaitement ambigu — de la configuration du républicanisme « contre » la civilisation impériale. Cet exode est important surtout parce que c'est là que le visage positif et constructif de la mutation commence d'apparaître : une mutation ontologique en action, l'invention concrète d'un premier *lieu nouveau dans le non-lieu*. Cette évolution créatrice ne se contente pas d'occuper quelque place existante, mais invente plutôt un lieu nouveau : c'est un désir qui crée un corps nouveau, une métamorphose qui brise toutes les homologies naturalistes de la modernité[13].

2. La philosophie de l'Extropy

En interview, le philosophe Max More précise ce qu'il entend par « Extropy » : « C'est à l'opposé de l'entropie, qui signifie la tendance vers le désordre, le délabrement, la déchéance, etc. C'est la tendance vers la revitalisation, vers une plus grande longévité, une vie plus intelligente, plus organisée. C'est une pensée qui veut concentrer toutes les forces vers la vie. Elle prône la réévaluation constante de toutes les valeurs, ce qui est un thème nietzschéen. Nous devons constamment nous remettre en question. Nous nous demandons continuellement : pouvons-nous faire mieux ? »

Contrairement à la « Déclaration transhumaniste », les textes fondateurs de la philosophie de l'Extropy sont sans concession, plutôt tranchants, bien que la forme reste souvent prudente (ce n'est pas le cas du manifeste des Mutants, que j'aborderai plus loin). L'extropisme se présente comme une pensée individualiste libertarienne[14] radicale et se trouve en rupture avec plusieurs des principes du « Transhumanisme démocratique » de Hughes et de Bostrom, notamment le collectivisme et la démocratie. Hughes et Max More ont d'ailleurs croisé le fer sur la question de la démocratie en 2003, lors de l'arrivée du premier au poste de secrétaire de la WTA. More ne peut supporter l'idée de l'intervention de l'État, que Hughes approuve et considère comme nécessaire pour éviter certains dérapages de l'ère de la posthumanité, comme les inégalités. En réponse au « Transhumanisme démocratique » de Hughes, More écrivait, dans *Exponent News*, en novembre 2003, qu'associer le transhumanisme « à quelque système politique existant [en l'occurrence, la démocratie] devait être considéré comme une manœuvre à courte vue ». More alla jusqu'à soutenir qu'un « despote éclairé pourrait très bien, sans procédures démocratiques, atteindre l'objectif cardinal de protéger la liberté individuelle. Il le ferait peut-être même de manière plus efficace et avec moins d'inconvénients qu'un gouvernement démocratique ». L'Extropien, qui dit craindre par-dessus tout la « tyrannie de la majorité », qualifie de « dogmatique » l'insistance avec laquelle Hughes défend la démocratie comme « seule manière ou meilleure manière, pour toutes les sociétés partout et toujours, de protéger la souveraineté de l'individu ».

Les principes

Bien que l'Extropy se conçoive comme un des courants transhumanistes, il soutient qu'il les a tous précédés. C'est le « transhumanisme original », peut-on lire dans extropy.org. Max More est en effet un des premiers à avoir théorisé le transhumanisme, dans les années 1980. Il a fondé son Institut de l'Extropy en 1988 avec un ami connu sous le nom d'emprunt de T. O. Morrow. More a depuis émaillé son action de plusieurs déclarations et textes programmatiques, tous publiés uniquement dans Internet et qui peuvent être considérés comme les « classiques » de la littérature posthumaniste.

Depuis les années 1980, Max More a produit trois versions de son texte fondamental intitulé *Les Principes de l'Extropy*. Sa dernière, la 3.1, est précédée de plusieurs avertissements. Se disant « très conscient » du danger des « ismes », il précise que les principes présentés « ne prétendent pas constituer une philosophie totale de la vie ». Ils ne représenteraient pas non plus des « vérités éternelles ». « Le monde n'a pas besoin d'un autre dogme totalitaire », écrit-il.

Ces précautions exposées, More se lance pourtant dans une description sentencieuse et quelque peu répétitive de ses sept principes, soutenus par l'idée de « développement continuel » et en conformité avec la croyance que « l'être humain n'est pas le zénith de la création » :

- le progrès perpétuel
- l'autotransformation
- l'optimisme pratique
- la technologie intelligente
- la société ouverte
- la pensée indépendante
- la rationalité

Là où la « Déclaration transhumaniste » réclamait des « droits » — par exemple le « droit moral d'accroître ses capacités physiques, mentales ou reproductives » — Max More énonce une sorte de devoir, une exigence morale à se dépasser, voire à se surpasser, à toujours être en transition vers du « meilleur », au sens de plus performant. L'injonction vaut autant pour l'individu que pour l'espèce. « Nous pouvons concevoir les humains tels que nous sommes comme des êtres en transition entre notre héritage naturel et notre avenir posthumain. » Autrement dit, nous ne pouvons rester à cette étape de l'évolution, il faut aller de l'avant. « Valoriser le progrès perpétuel [principe n° 1] est incompatible avec l'acceptation des aspects indésirables de la condition humaine. L'amélioration continuelle nécessite de remettre en question les limites naturelles et traditionnelles qui entravent les possibilités humaines. La science et la technologie sont essentielles à l'éradication des limites à notre espérance de vie actuellement limitée, à l'intelligence, à la vitalité et à la liberté de l'individu. »

More affirme que son « optimisme pratique est incompatible avec une foi passive ». Selon lui, la foi en un avenir meilleur « repose sur une confiance selon laquelle une force externe, que ce soit Dieu, l'État ou même les extraterrestres, réglera nos problèmes ». Au contraire, « l'optimisme pratique » est une perspective qui force l'humain à ne compter que sur ses propres moyens. « Il est "extropique" de se savoir responsable des conséquences de ses choix et de refuser de blâmer les autres pour les conséquences de ses actions. » Ces moyens sont évidemment la science et la technique. Et suivant le quatrième principe de More, il faut préférer « la science à tout mysticisme et la technologie à la prière » (évidemment, on pourrait rétorquer que More érige lui-même la science en un nouveau mysticisme et qu'il a remplacé « l'espérance » par une espérance technologique).

Par ailleurs, l'Extropien affirme que nous allons « co-évoluer avec les produits de notre esprit, nous intégrer à eux, pour finalement intérioriser nos technologies intelligentes pour produire une synthèse posthumaine, ce qui amplifiera nos capacités et accroîtra notre liberté ». Selon More, les « innovations technologiques profondes devraient nous attirer plutôt que nous terrifier », puisque « l'usage ingénieux des technologies bio-nano-info de même que l'ouverture de nouvelles frontières dans l'espace peuvent contribuer à nous délivrer de la rareté des ressources qui caractérise ce monde et nous permettre d'éliminer les risques écologiques ».

Pour atteindre cet avenir radieux de liberté sans contrainte, il faudra être prêt à prendre des risques, des risques assumés, contre les conséquences desquels aucun État ne pourra jamais nous protéger : « Nous souhaitons être libres d'évaluer les éventuels risques et bénéfices pour nous-mêmes, de procéder à nos propres jugements et d'en assumer les résultats. Nous nous opposons vigoureusement à toute coercition de la part de ceux qui tenteraient d'imposer leurs jugements en matière de sécurité et d'efficacité des différents moyens d'auto-expérimentation. [...] La protection paternaliste de l'individu est inacceptable pour nous. [...] Comme l'autodétermination s'applique à tout un chacun, ce principe exige que nous respections l'autodétermination des autres. »

La liste des principes de More consiste-t-elle en une projection utopique ? Il s'en défend, en définissant son cinquième principe, celui de la « société ouverte », concept cher à la philosophie de Hayek. Il affirme que les sociétés ouvertes évitent les plans pour construire une « société parfaite ». « Au lieu de la perfection statique de l'utopie, nous devons imaginer la dynamique d'une *extropy*, c'est-à-dire un cadre ouvert, évolutif, permettant aux individus et aux associations libres de forger des institutions et les formes sociales qu'ils préfèrent. »

Cette perspective à la fois volontariste, ultra-individualiste et antiétatique a fait dire au politologue Klaus-Gerd Giesen[15] que More avait une pensée apolitique, voire antipolitique, une « approche néolibérale de l'économie à la génétique humaine ». Au fond, une sorte de « main invisible régulerait automatiquement les microdécisions individuelles et garantirait les mutations successives de l'espèce humaine vers une nouvelle espèce.

Nous avons en effet affaire à la parabole d'un marché autorégulateur qui, là aussi, supprime la sphère politique, c'est-à-dire les décisions collectives ». Nous pourrions ajouter que la pensée extropienne illustre parfaitement le phénomène du remplacement de l'utopie politique par une utopie technique.

Proaction plutôt que précaution

Une bonne façon de le démontrer est de voir avec quelle violence More s'en prend au « principe de précaution », une notion défendue par les écologistes. Il s'agit là, pour ces derniers, d'une manière de faire passer la politique avant le cheval fou qu'est devenu le progrès. Rappelons que le principe de précaution a été officiellement reconnu, entre autres, dans la Déclaration de Rio de 1992. Depuis, il a été repris dans plusieurs déclarations et « instruments » (selon le terme technique en droit international).

On en a donné maintes définitions, notamment celle-ci : « Lorsqu'une activité pose des risques pour la santé des humains ou l'environnement, des mesures de précaution devraient être adoptées même s'il y a absence de certitude scientifique. » Dans le débat sur les organismes génétiquement modifiés (OGM), ce principe a été invoqué fréquemment. Il vient entre autres des travaux du philosophe allemand Hans Jonas, auteur du *Principe responsabilité*[16]. Ce dernier considère qu'à une époque comme la nôtre, où le projet cartésien d'une « maîtrise de la nature » est extrêmement avancé dans sa réalisation, il faut peut-être réhabiliter la notion de « peur ». Il parle d'une « heuristique de la peur » qui nous commanderait la prudence à l'égard de notre maîtrise.

À ce nouveau paradigme, Max More a voulu répliquer en 2004. Assisté de scientifiques des cercles extropiens que j'ai mentionnés plus haut (dont Robert A. Freitas, expert en nanotechnologie, Aubrey De Grey, biologiste de l'Université de Cambridge, Gregory Stock, de UCLA, Lee Silver, de Princeton, Ray

Kurzweil et Marvin Minsky, tous deux du MIT), il a rédigé un manifeste jetant les bases philosophiques d'un principe opposé au principe de précaution, le *Proactionary principle*, ou « principe de proaction ».

More considère que le principe de précaution risque « d'arrêter carrément le progrès[17] » ; peu d'innovations passées, pourtant cruciales pour la vie d'aujourd'hui — la chloration de l'eau, la production et la distribution d'électricité, les rayons X, les déplacements autres qu'à pied — auraient vu le jour si ce principe avait prévalu.

Il en énumère les défauts. D'abord, le principe de précaution (PP) ne prend en compte que les scénarios du pire. Appliqué aux OGM par exemple, il n'envisage que la situation où ceux-ci causeraient des problèmes irréversibles et imprévus. Pour More, le PP conduit les humains à tenir pour acquis que le fait de s'abstenir d'adopter une nouvelle technologie n'aura jamais de conséquences désastreuses.

Ensuite, le PP « détourne l'attention des risques pour la santé, notamment les risques provenant de la nature » comme les infections, la famine, les perturbations écologiques. Au fond, il nous pousse à concentrer notre attention sur les risques hypothétiques qui pourraient survenir dans le futur, ce qui nous empêche de considérer des problèmes de santé qui existent déjà.

Troisièmement, ceux qui adhèrent au PP tiennent pour acquis que les effets des réglementations et des restrictions sont tous positifs ou neutres, jamais négatifs. Par exemple, l'application d'un principe comme le PP « nuirait à l'activité économique », tendrait à réduire le niveau de vie et donc « entraînerait une détérioration de la santé », soutient More.

Quatrièmement, le PP met sur le même pied les menaces provenant de la nature et celles provenant de l'homme. Ce qui conduit ses défenseurs à généralement négliger les bénéfices potentiels de la technologie et, par conséquent, à favoriser la nature aux dépens de l'humanité. « Comme l'a montré le biochimiste Bruce Ames, de UCLA, presque toutes nos expositions aux produits chimiques dangereux proviennent des produits présents dans la nature. Or, on ne s'intéresse qu'aux produits chimiques synthétiques et on ne s'inquiète que d'eux », affirme More.

Cinquièmement, le PP transfère « de manière illégitime » le fardeau de la preuve à celui qui défend une technologie, ce qui le désavantage et le place dans une situation où il a l'air imprudent. En revanche, celui qui prône la précaution se voit auréolé de l'épithète de « responsable », regrette More. « Les innovateurs doivent démontrer que ce qu'ils proposent est sécuritaire, alors qu'ils ont déjà été présentés comme des gens indifférents au bien commun et uniquement intéressés par le profit. » S'étant ainsi débarrassés du fardeau de la preuve, les laudateurs du PP se dispensent d'avoir à présenter des preuves. « Par exemple, des écologistes s'opposent à l'usage de pesticides en ne faisant que conjecturer à propos de leurs possibles effets cancérigènes. » Au fond, aux yeux de More, cela leur permet de gérer les *perceptions* du risque plutôt que d'analyser les risques réels.

Sixièmement, enfin, le PP entre en conflit avec des approches plus « équilibrées » à l'égard des risques comme celles qu'on retrouve dans la *common law* (tradition anglo-saxonne du droit coutumier). La *common law* nous rend responsables des blessures que nous causons et notre responsabilité est proportionnelle au risque prévisible. Le PP fait l'inverse. Il rejette toute responsabilité et se comporte comme une injonction *(preliminary injunction)*, mais sans qu'il y ait intervention d'un tribunal, sans obligation de faire quelque preuve que ce soit et sans que les torts causés par cette même injonction soient pris en compte.

Le principe de *proaction*

En réponse au principe de précaution, More propose le principe de *proaction*, qui « protégerait la liberté d'innover des humains ». Le principe se décline en sept revendications, qui prennent le contre-pied des prétendus défauts du principe de précaution. Au fond, More cherche à instaurer une logique qui replacerait le fardeau de la preuve sur les épaules de ceux qui réclament des restrictions et des réglementations. Il estime aussi qu'il faut évaluer le risque en tenant compte « des connaissances existantes et non des perceptions populaires », et que l'on devrait donner préséance à la diminution des menaces et des risques existants qui pèsent sur les humains et l'environnement, plutôt que de « se concentrer sur des risques hypothétiques ».

En outre, il faut traiter les risques découlant de la technologie de la même façon que l'on traite ceux qui proviennent de la nature — tremblements de terre, ouragans, etc. More insiste pour que ceux qui cherchent à empêcher l'adoption d'une technologie soient contraints d'évaluer les « occasions ratées » que représenterait l'abandon de celle-ci. Au fond, il faudrait là aussi faire une analyse des « coûts et des risques ». More croit qu'on doit envisager des « mesures restrictives » pour les nouvelles technologies uniquement dans les cas où les conséquences *possibles* de leur application risquent vraiment d'être très dommageables. Dans le cas où une telle activité risquée permettrait d'amasser des revenus, More propose, en bon libertarien, de prendre prioritairement des mesures fiscales pour la pénaliser. Dans sa perspective antiétatiste, il veut ainsi éviter toute réglementation. Enfin, si l'État est vraiment contraint de réglementer, More propose une série de critères et de priorités : « Considérer les risques pour les humains avant de prendre en compte ceux posés aux autres formes intelligentes ; donner préséance aux risques mortels pour les humains avant de considérer ceux qui menacent l'environnement [...] ; faire passer les risques immédiats avant ceux qui semblent plutôt lointains. »

Au fond, écrit More[18], le principe de *proaction* ne commande pas seulement « d'anticiper avant d'agir », mais « d'apprendre tout en agissant ».

Lettre à Mère-nature

Le texte dans lequel Max More a peut-être le mieux résumé ses idées, notamment sa conception de l'être humain, est sans doute sa *Lettre à Mère-nature*, publiée en 1999. Adoptant un ton sarcastique à l'égard de notre « Créatrice » à qui il prétend s'adresser directement — un peu comme un adolescent qui s'affirme — More propose sept[19] amendements à la « constitution humaine ».

Après quelques remerciements d'usage à cette mère qui nous a « élevés » à travers l'évolution, More se lance dans la description de toutes les imperfections de cette condition humaine : « Vous nous avez rendus vulnérables aux maladies et aux accidents. Vous nous contraignez à vieillir et à mourir, juste au moment où nous commençons à avoir un peu de sagesse. En plus, vous vous êtes montrée peu généreuse en nous donnant peu de conscience de nos processus somatiques, cognitifs et émotionnels. Vous nous avez laissés de côté en donnant aux autres animaux les sens les plus aiguisés. Vous ne nous avez rendus fonctionnels que dans certaines conditions écologiques bien particulières. La mémoire que vous nous avez donnée est limitée, tout comme la maîtrise de nos impulsions. Vous nous avez soumis à des tentations tribales et xénophobes. Et en plus, vous avez oublié de nous donner le mode d'emploi ! Ce que vous avez fait de nous est fabuleux, mais en même temps plein de défauts. Vous semblez avoir perdu tout intérêt pour notre évolution depuis cent mille ans. Ou peut-être attendiez-vous le bon moment, ou attendiez-vous que nous prenions les devants ? De toute façon, nous avons atteint la fin de notre enfance. Nous croyons qu'il est temps d'amender la constitution humaine. »

More énumère ensuite ses sept amendements. Il commence par proclamer que les humains « ne toléreront plus la tyrannie de la vieillesse et de la mort » ; par des modifications génétiques, des manipulations cellulaires, des organes synthétiques et tout autre moyen nécessaire, « nous nous procurerons une vitalité durable et nous éliminerons notre date de péremption. Chacun d'entre nous décidera de la durée de sa propre vie ». En second lieu, More affirme que les humains s'attaqueront à leurs propres sens, dont ils accroîtront la portée « par des moyens biotechnologiques et informatiques », ce qui permettra d'améliorer « notre perception du monde ». C'est en fait toute l'organisation neuronale qui fera l'objet d'une rénovation majeure grâce à laquelle la mémoire sera amplifiée. L'intelligence s'étendra à l'extérieur du cerveau grâce à ce que More appelle le métacerveau *(metabrain)*, fait de capteurs et de processeurs. Le cinquième amendement contient tout un programme d'affranchissement : « Nous cesserons d'être les esclaves de nos gènes. Nous prendrons le contrôle de notre programmation génétique et nous nous rendrons maîtres des processus biologiques et neurologiques. Nous corrigerons tous les défauts des individus et de l'espèce hérités de l'évolution par la sélection naturelle. Nous ne nous satisferons pas de cela, et nous chercherons à étendre notre souveraineté : jusques et y compris sur le support, la forme que nous prenons ; de même pour nos fonctions corporelles. Nous redéfinirons nos capacités physiques et intellectuelles et elles dépasseront celles des humains qui ont existé jusqu'à maintenant. » Dans le sixième amendement, More affirme que les humains chercheront à réduire le rôle que les émotions jouent dans leur vie : « Nous allons prudemment bien que bravement réorganiser nos schémas de motivations et de réponses émotionnelles », le but étant d'éviter les « excès humains typiques ». De cette façon, les humains se renforceront « pour pouvoir abandonner leur besoin malsain de certitudes dogmatiques, éliminant du coup les freins à l'autocorrection rationnelle ». Enfin, More annonce que les humains s'affranchiront « de ce matériau à base de carbone dans lequel [la nature nous a] conçus ». Ce qui signifie que « nous ne resterons pas des organismes biologiques », car cela limiterait « nos capacités physiques, intellectuelles et émotionnelles ». Toutes ces transformations permettront de passer d'un stade humain à un autre, « ultrahumain[20] ».

Transhumanisme et nazisme

L'expression « ultrahumain » fait penser à la télésérie japonaise culte *Ultraman*, mais surtout, de manière plus inquiétante, au surhomme de Nietzsche, idée déformée, on le sait, par des idéologies comme le fascisme et le nazisme. Cette similitude est-elle le signe d'une dimension fascisante de l'extropisme ?
Certains l'ont affirmé et James Hughes, le trésorier de la WTA cité plus tôt, ne s'en montre pas étonné. Les idées de More rappellent parfois, selon lui, le futurisme de Filippo Tommaso Marinetti, qui devint un aficionado de Mussolini à la fin des années 1920. Dans son court manifeste historique publié en 1909 dans *Le Figaro*, Marinetti a jeté les bases d'une pensée préconisant l'avènement d'une esthétique de la vitesse et de l'énergie : « La littérature ayant jusqu'ici magnifié l'immobilité pensive, l'extase et le sommeil, nous voulons exalter le mouvement agressif, l'insomnie fiévreuse, le pas gymnastique, le saut périlleux, la gifle et le coup de poing. » Le futurisme était aussi fasciné par les objets mécaniques : « Nous déclarons que la splendeur du monde s'est enrichie d'une beauté nouvelle : la beauté de la vitesse. Une automobile de course avec son coffre orné de gros tuyaux tels des serpents à l'haleine explosive... Une automobile rugissante, qui a l'air de courir sur de la mitraille, est *plus belle* que la *Victoire de Samothrace*. »
Dans *The Politics of Transhumanism*, James Hughes écrit : « Aujourd'hui, devant un mouvement comme celui des Extropiens, un mouvement qui méprise ouvertement la démocratie libérale, réclame la création d'une élite d'*Übermenschen* — surhommes — qui se libéreront eux-mêmes de la moralité traditionnelle, qui chercheront l'amplification sans limites et l'optimisme, [...], il est compréhensible que certains critiques fassent des parallèles avec les anciens fascistes européens[21]. » Hughes estime que More a aggravé son cas en affirmant sans nuance et sans précaution que Nietzsche était un précurseur de la pensée extropienne. En interview, More rejette toutes ces critiques en

soulignant que l'Extropy ne pourrait soutenir un régime autoritaire puisque c'est une pensée « libertarienne et très individualiste ».

Certains Extropiens, cependant, ont avoué ne pas voir d'incompatibilité entre une société fasciste, voire carrément totalitaire, et leur pensée. James Hughes se montre assez effrayé par ce passage d'un militant extraverti marginal, Lyle Burkhead, publié dans le site Internet de l'Extropy en 1999 : « Le IIIe Reich est le seul modèle disponible d'un État transhumaniste. Et il est grand temps que les transhumanistes prennent conscience du fait que nous ne pouvons atteindre l'objectif que nous visons dans le système politique actuel. La démocratie et le dépassement [de l'humain] sont deux concepts mutuellement exclusifs. Je recherche une solution de rechange draconienne, et cette recherche m'a conduit à considérer l'Allemagne nazie, laquelle, malgré toutes ses imperfections, avait au moins une position sur l'évolution humaine et le dépassement de l'homme. »

Hughes souligne aussi qu'à la même époque un site néonazi, Xenith.com, qui faisait la promotion d'idées et de liens eugénistes et racistes, se déclarait « transhumaniste » et publiait des dessins stylisés de personnages surhumains et de valeureux explorateurs de l'espace. « Dans le site, écrit Hughes, on réclamait un projet eugéniste moderne utilisant le génie génétique ainsi que des pratiques d'élevage humain, on citait Adolf Hitler et George Lincoln Rockwell, le fondateur du Parti nazi américain. » Le créateur de ce site, Marcus Eugenicus (pseudonyme d'un certain Mark Hilton, du New Jersey), avait publié un « Manifeste du Prométhéisme » plaidant pour la mise en place par les États de mesures eugénistes. L'article 2 stipulait : « Notre but est de créer une race génétiquement améliorée qui deviendra ultérieurement une espèce nouvelle et supérieure. Une espèce intelligente sera plus à même de s'adapter à de nouveaux environnements et d'affronter les menaces et les obstacles. »

L'affiliation d'Eugenicus et de son site au réseau transhumaniste dans Internet a créé en 2002 une polémique violente au sein du mouvement, raconte Hughes. Certains appuyaient le nazi alors que d'autres voulaient marquer leur opposition. Finalement, c'est l'opinion des seconds qui a prévalu et le réseau transhumaniste s'est dissous pour ensuite se reconstituer suivant des critères plus restreints, qui excluent explicitement le néonazisme. Eugenicus a alors décidé de créer un réseau transhumaniste d'extrême droite qui a notamment inclus le site néerlandais Transtopia. On trouve dans ce dernier au moins quatre autres manifestes radicaux soi-disant transhumanistes qui imitent essentiellement ceux analysés ici, en y ajoutant des thèmes clairement fascistes comme l'eugénisme, ou ésotériques comme la « Singularité », moment énigmatique du futur où la pensée machine réseautée surclassera soudainement la pensée humaine. À côté d'eux, les transhumanistes ont l'air de pragmatiques. En tout cas, ni More ni Hughes ne prônent l'eugénisme.

Pour se dissocier totalement de ces courants compromettants, la WTA, en février 2002, a formellement adopté cette résolution : « Toute doctrine prônant la suprématie d'une race ou d'une ethnie est incompatible avec les sources du transhumanisme que sont la tolérance et l'humanisme. Les organisations qui préconisent de telles doctrines ou croyances ne sont pas transhumanistes et ne peuvent donc pas s'affilier à la WTA. » L'organisme précisait aussi que « les opinions eugénistes néonazies, le dénommé Marcus Eugenicus et le groupe qui l'entoure, les sectes obsédées par les ovnis, la secte raélienne » ne devaient pas « être considérés comme transhumanistes et ne pouvaient être acceptés dans la communauté transhumaniste ».

3. Manifeste des mutants

Rédigé en français par des collaborateurs du magazine *Chronic'Art*, dont une dénommée Karine Lehmann, le *Manifeste des mutants* ne provient pas des organisations transhumanistes les plus importantes, qui sont principalement anglophones. Les

Mutants revendiquent toutefois leur appartenance au transhumanisme. Par rapport aux autres textes ici analysés, leur ton tranche toutefois par sa violence, son caractère frondeur et provocateur.

L'imprécaution

Le début du *Manifeste des mutants* n'est pas sans rappeler les thèses de Max More, puisqu'il comporte une attaque contre le « principe de précaution ». Un principe qui, selon les auteurs, « se métastase à l'infini et gangrène les esprits ». À la question « stagnant ou mutant ? », le monde actuel aurait choisi la première option, entraînant « toujours plus de confort et toujours moins de risque, toujours plus de sécurité et toujours moins d'audace. On ne crée rien, on ne transforme rien, on conserve tout. Bref : on étouffe ».

Au principe de précaution, Max More opposait celui de la « proaction ». Les mutants, eux, plaident pour « l'imprécaution », qui, expliquent-ils, mène le monde depuis ses origines. « Qui ne tente rien n'a rien : l'évolution l'a compris voici 3,5 milliards d'années, le primate humain depuis 15 petites décennies. Il serait temps de combler le retard. »

Du reste, il faut souligner l'évolutionnisme radical de ces Mutants et leur darwinisme effréné. Ils se décrivent d'ailleurs comme des « petits-fils de Darwin en colère ». « Les mutants ne se prennent pas pour des sous-hommes », raille une journaliste. Ils revendiquent en effet leur différence, se désignant comme « les agents secrets de la vie », laquelle « ne le sait pas encore[22] » !

Pour bien faire comprendre ce à quoi nous avons affaire, rien de mieux que de citer le cœur du *Manifeste* : « Nous sommes les premiers mutants. Nous aimons vivre. Évoluer encore et toujours, plus vite et plus loin. Nous voulons devenir l'origine du futur. Changer la vie, au sens propre et non plus au sens figuré : créer des espèces nouvelles, adopter les clones humains, sélectionner nos gamètes, sculpter le corps et l'esprit, apprivoiser nos germes, dévorer des festins transgéniques, faire don de nos cellules souches, voir les infrarouges, écouter les ultrasons, sentir les phéromones, cultiver nos gènes, remplacer nos neurones, faire l'amour dans l'espace, débattre avec des robots, tester des états cérébraux modifiés, faire des projets avec notre cerveau reptilien, pratiquer des clonages diversifiants vers l'infini, ajouter de nouveaux sens, vivre vingt ans ou deux siècles, habiter la Lune, terraformer Mars, tutoyer les galaxies ; nous portons en nous le plus civilisé et le plus sauvage, le plus raffiné et le plus barbare, le plus complexe et le plus simple, le plus rationnel et le plus passionné[23]. »

Muter : aurons-nous le choix ? Laissant entendre que ceux qui le souhaitent pourront refuser cette voie, les Mutants citent un précédent : « À un carrefour, chacun doit choisir sa direction : nos ancêtres en ont fait ainsi, nous continuons leur geste. Après tout, le dernier saut évolutif qui nous a séparés de nos presque frères les singes n'a pas si mal réussi aux uns comme aux autres. Maintenant que cette histoire est finie, nous souhaitons tout simplement en commencer une autre. En toute liberté. En toute innocence. »

Les mutants n'oublient-ils pas que ce ne sont pas « leurs ancêtres » qui ont « choisi » de muter, mais bien la nature, ou plutôt le processus de l'évolution ? Cette omission révèle la relation paradoxale que les groupes transhumanistes entretiennent avec l'évolution : ils en font la source de tout mais veulent au fond l'abolir, pour lui substituer les choix humains.

CHAPITRE 2

TransVision 2004
ou le congrès des mutants

« De meilleurs humains, une vie meilleure, un monde meilleur » : ce triple espoir en apparence banal tenait lieu de slogan au congrès Transvision 2004 (TV04) de la World Transhumanist Association en août 2004 à Toronto. Mais que voulait dire « meilleur » ici, au juste ? « Je vous expliquerai après la conférence de presse », me répondit Nick Bostrom, un brin nerveux. Le jeune philosophe suédois, cofondateur de la WTA, s'apprêtait à ouvrir la séance d'information intitulée « Le transhumaniste expliqué aux journalistes ».

TV04 était le cinquième congrès du genre en six ans. Fondée en 1998, la WTA prétend avoir « 3 000 membres provenant de 100 pays ». Mais moins de 130 d'entre eux s'étaient présentés dans la métropole canadienne, en cette fin d'été frisquet. Pour des gens qui vivent le plus souvent dans Internet, habitués aux rassemblements « en ligne » qui n'exigent de quitter ni sa chambre ni son écran d'ordinateur, se déplacer dans le monde réel est « trop exigeant », m'explique un des dirigeants de l'organisation.

La WTA a au moins le mérite d'avoir organisé ses colloques, depuis ses tout débuts, dans des endroits reconnus. TV04 s'est tenu au cœur de l'Université de Toronto, à la Faculté de médecine, dans le prestigieux amphithéâtre McLeod, à la porte duquel une blanche statue d'Hippocrate monte la garde. L'année précédente, c'est la célèbre université Yale, au Connecticut, membre de la Ivy League[1], qui avait accueilli TV03. Auparavant, tous les congrès s'étaient tenus en sol européen : Berlin en 2001, Londres en 2000, Stockholm en 1999 et Weesp, aux Pays-Bas, en 1998. La technophilie posthumaniste n'est donc pas qu'« états-unienne ». C'est d'ailleurs à Caracas qu'a eu lieu TV05. Et en 2006, le grand rassemblement s'est tenu à Helsinki.

À Toronto, TV04 avait obtenu le soutien de plusieurs organisations. Entre autres le réputé Programme McLuhan en culture et en technologie, dirigé par Derrick de Kerkhove, émule du penseur canadien des médias, Marshall McLuhan (lui-même sacré saint patron du magazine technophile *Wired*). S'étaient aussi associées à l'événement une panoplie de petites organisations transhumanistes aux noms pour le moins éloquents, comme le site Betterhumans.org, l'Institut de l'Extropy, le groupe immortaliste Imminst.org et le Singularity Institute.

Dans la pochette de presse, un communiqué intitulé « Le Futur passe par Toronto cet été ! » annonçait un avenir mirobolant : une « progression scientifique exponentielle » qui allait permettre « d'éradiquer les maladies » et de développer des « "remèdes" contre le vieillissement ». Le texte abordait toutes les « passionnantes possibilités » d'amplification des propriétés humaines, tant cognitives qu'émotionnelles, spirituelles et physiques. « Tous ces rêves ne relèvent plus simplement de la science-fiction, nous assurait-on, ce sont des perspectives scientifiques à notre portée qui pourraient se réaliser de notre vivant. »

Les *nerds* et les artistes

À première vue, les participants de TV04 avaient surtout l'allure et le style de ces universitaires américains de type *nerd*, ces maniaques d'informatique et de science-fiction portant habituellement lunettes à verres épais, barbe négligée et pantalons en velours côtelé élimés[2]. On pouvait aussi remarquer une autre catégorie de participants. Le thème du congrès 2004, « Art and Life in the Posthuman Era », avait en effet attiré des représentants très visibles de courants artistiques marginaux et *underground* liés au transhumanisme, notamment des adeptes des « modifications corporelles ». L'un d'entre eux, Shannon Larratt, auteur du site *Body Modification Ezine*[3] et disciple de Stelarc — artiste dont la « performance » marqua le dernier soir de TV04 — avait le crâne rasé mais portait la barbe, avait les bras couverts de tatouages, quelques *piercings* et les lobes d'oreilles pendants, étirés presque jusqu'aux épaules, comme un membre d'une tribu précolombienne. À quelques pas de lui, une femme dans la cinquantaine avancée, au *lifting* apparent, portait une minijupe de couleur claire très courte qui mettait en évidence des bottes militaires noires. Ses cheveux peroxydés étaient ramassés dans de grandes tresses rastas. J'ai appris qu'elle aussi se prénomme Shannon, Shannon Bell. Elle est professeure associée du Département de science politique de l'université York. Sa spécialité : « orgasmes et éjaculations féminines ». Elle a notamment publié une étude intitulée *Feminist Ejaculations*[4]. Dans le hall, elle rit très fort, le visage crispé, faisant bouger ses *piercings* et cliqueter ses bracelets. Pendant les conférences, elle prend fébrilement des notes à l'aide d'un petit Macintosh portatif blanc posé sur ses cuisses.

S'il est vrai qu'il y a de la vérité dans les marges, cet événement, qui fédère *nerds* et artistes « extrêmes », nous révèle peut-être quelque chose sur notre avenir, lequel pourrait bien être forgé par le mélange de notre fascination pour la technique et de l'expression débridée d'un sujet en quête de différenciation et d'identité.

Chose certaine, les *looks* radicaux des artistes posthumanistes tranchaient singulièrement avec celui des Ph.D. du mouvement de la WTA, à l'avant sur la tribune, pour la présentation destinée aux journalistes. D'abord venait Nick Bostrom, jeune philosophe de moins de trente ans mais à la calvitie entamée, rattaché depuis 2004 au Centre d'éthique pratique de la Faculté de philosophie de l'Université d'Oxford. Cofondateur de la WTA, Bostrom avait jadis tenté sa chance en *stand-up comic*. Depuis, il a écrit des dizaines d'articles très fouillés sur différentes questions liées à la posthumanité, dont un bon nombre dans des revues scientifiques internationales. À ses côtés se tenait Anders Sandberg, informaticien, blond et grand, cravaté, fin de la vingtaine. Sandberg incarne l'idée même du *nerd* : manières peu assurées, teint très pâle légèrement moucheté par des réminiscences d'acné, voix nasillarde, anglais raffiné mais altéré par un lourd accent suédois, ton machinal et humour spirituel, d'esprit « web », faisant constamment référence à Internet, véritable prolongement de son cerveau. « Google est ma prothèse », dira-t-il d'ailleurs. Omniprésent dans les cercles transhumanistes, Sandberg est membre d'à peu près tous les organismes de ce mouvement ainsi que de ceux qui gravitent autour de lui. Évidemment, il consacre une bonne partie de son temps à ses sites Internet transhumanistes[5].

Des adversaires bien identifiés

Les discours de ces militants nous font vite comprendre que les transhumanistes, en ce mois d'août 2004, sont ravis : ils n'ont jamais autant attiré l'attention. Ils doivent cette publicité en grande partie à leurs adversaires qui, par leurs sorties contre le clonage et plus spécifiquement contre le transhumanisme, semblent avoir contribué à les faire connaître.

Qui sont ces adversaires ? Dans sa présentation, Nick Bostrom les qualifie tantôt de « bioconservateurs », tantôt de « bioluddites », à d'autres moment de « bioréactionnaires ». La liste de ces « ennemis du progrès » comprend l'essayiste bien connu

Jeremy Rifkin, qui avait sonné l'alarme sur les périls du *Siècle biotech* dès le début des années 1990, notamment dans sa critique des OGM. Vient ensuite Bill Joy, informaticien de renom qui travaillait autrefois pour Sun Microsystems et qui s'était fendu en 2000, dans le magazine *Wired*, d'un pamphlet catastrophiste intitulé *Pourquoi le futur n'a pas besoin de vous*[6] et expliquant pourquoi il fallait craindre les nanotechnologies. Celles-ci vont nous conduire au contrôle de l'humanité par les machines, écrivait-il. Joy, en plaidant pour le *relinquishment*, c'est-à-dire pour qu'on « arrête le progrès » technique, créa une commotion dans les milieux posthumanistes. « C'est un peu comme si le célèbre magazine sur l'automobile *Car and Driver* avait publié un article de fond de Bill Ford fils célébrant les vertus de la marche à pied ! », expliqua Bill McKibben dans *Enough*[7]. L'ennemi numéro un des posthumanistes est Leon Kass, philosophe, médecin et bioéthicien de l'Université de Chicago, nommé par George W. Bush à la tête du President's Council on Bioethics (PCoB). Début 2004, cet organisme a fait paraître *Beyond Therapy*, un rapport déjà présenté plus haut, empreint d'une grande inquiétude envers les utopies suscitées par la révolution biotechnologique. Le PCoB a aussi pris position en 2002 contre le clonage thérapeutique. Autre grand ennemi du transhumanisme : le philosophe Francis Fukuyama, également membre du PCoB et auteur d'un livre — *Our Posthuman Future* — où il réclamait une réglementation accrue pour empêcher toute amplification par la médecine moderne[8]. Autre coup d'éclat : en avril 2004, le philosophe de Harvard Michael Sandel publie un brillant article intitulé « The Case Against Perfection » dans le magazine *Atlantic Monthly*, où il développe une argumentation approfondie à l'encontre des thèses posthumanistes sur l'amplification des performances humaines. « Ce désir de performance et de perfection nourrit l'impulsion de se révolter contre le donné. C'est le problème moral le plus profond de l'amélioration[9] », écrivait Sandel.

Que tous ces penseurs importants, d'horizons intellectuels

très différents (Kass et Fukuyama gravitent dans l'orbite des néoconservateurs alors que Rifkin se fait le porte-parole d'une nouvelle gauche écologiste militant pour le principe de précaution), aient jugé crucial d'intervenir sur la place publique pour contrer la montée du transhumanisme impressionne les dirigeants de la WTA. « On leur fait peur parce qu'ils savent qu'on a de bons arguments », suppute Bostrom en interview.

En août 2004, à TV04, on pouvait avoir le sentiment qu'un débat de fond sur la posthumanité avait vraiment éclaté aux États-Unis. Un débat qui engage des questions essentielles et qui pourrait, au moment d'une percée scientifique majeure, se propager comme une traînée de poudre dans l'ensemble du monde industrialisé.

Les rectangles des possibles

Sur l'écran de l'amphithéâtre, un graphique simple apparaît : un énorme rectangle qui en englobe deux autres plus petits, tous deux placés dans le coin droit du bas. L'un des petits est plus large tandis que l'autre, plus étroit, le dépasse en hauteur. Par cette image, Bostrom prétend illustrer les limites actuelles des conditions animale et humaine. Le grand rectangle, c'est évidemment « l'espace posthumain des modes d'être possibles » qui est, à ses dires, à peu près infini. Bostrom y voit tout « l'attrait de la condition posthumaine ».

« Une personne qui vivrait deux cents ans en bonne santé développerait des concepts, des projets, des idées dont on ne peut sans doute même pas rêver dans notre condition actuelle », s'enthousiasme-t-il. « Même chose si nous disposions d'une capacité cognitive amplifiée, d'une capacité de calcul accélérée, plus puissante. On ne peut imaginer les idées et concepts que nous pourrions alors développer », enchaîne-t-il.

Le petit rectangle élevé représente la condition humaine. Il est plus élevé puisque, « à son meilleur, la vie humaine peut être formidable ». Ces états d'esprit extraordinaires deviendraient permanents dans l'ère posthumaine, soutient-il. L'espace des possibles des animaux est moins haut, car ils ne peuvent pas s'élever au niveau de nos idées, mais plus large, car ils possèdent des sens souvent plus fins que les nôtres. « Au fond, dans ce grand rectangle des possibles qui dépasse et englobe tous les autres, il est pensable qu'il y ait des modes d'être extrêmement intéressants auxquels nous pourrions bientôt accéder. »

Meilleur ?

Se tournant vers moi, Bostrom souligne alors que la signification du slogan « De meilleurs humains, une vie meilleure, un monde meilleur » prend ici tout son sens. Dans une ère posthumaine, « les gens auraient la chance de vivre la vie qu'ils désirent ». *Meilleur*, à son sens, renvoie donc à une « existence délivrée des contraintes imposées par la nature, comme celle de mourir après quelques décennies, souvent au moment même où l'on commence à être sage ». De plus, nous ne serions plus « limités dans nos capacités mentales » ni « troublés par des changements d'humeur ». Bref, « *meilleur* signifie avoir plus de contrôle sur notre propre vie pour développer le type d'idéal que nous souhaitons ».

Évidemment, ces idéaux varieraient d'un individu à l'autre. « Les transhumanistes veulent que chacun puisse faire ses choix pour soi-même. Le sens de l'adjectif "meilleur" différera de l'un à l'autre. Mais au moins, il n'y aura plus d'entraves à leur choix, à la réalisation de ce meilleur. »

Des racines anciennes

L'assistance, formée d'une dizaine de journalistes, se montre sceptique. Bostrom redouble d'efforts. Première stratégie : montrer que la pensée transhumaniste a des racines très profondes. Qu'il n'y a au fond (presque) rien de vraiment nouveau sous le soleil. « Déjà, en 1700 avant notre ère, dans l'épopée sumérienne de Gilgamesh, le roi entreprend une quête d'immortalité. Il apprend qu'il existe un moyen naturel d'y accéder : une herbe qui pousse au fond des mers. Il réussit à trouver la plante, mais un serpent la lui vole avant qu'il puisse la consommer. » Pour Bostrom, l'impulsion fondamentale du transhumanisme remonte donc à la nuit des temps. Il énumère les histoires de fontaines de Jouvence, d'alchimistes qui concoctent des élixirs de vie. Il enchaîne en citant des écoles de pensée « qui peuplent la mémoire humaine », comme le taoïsme chinois, pour lequel l'harmonie avec les forces de la nature permet d'atteindre l'immortalité physique. Bien que ces histoires visent le plus souvent à montrer à l'homme la vanité de cette quête et l'erreur qu'elle représente, Bostrom, en les interprétant au pied de la lettre, insiste pour les présenter comme une impulsion humaine essentielle et la preuve que le transhumanisme est inscrit dans le cœur de l'homme.

Pour lui, ces volontés humaines, au premier chef l'immortalité, ont été freinées depuis trop longtemps par les limites imposées par les religions. Bostrom cite fréquemment le biologiste indien d'origine britannique J. B. S. Haldane[10], penseur que les transhumanistes considèrent comme leur principal précurseur (au point de décerner chaque année un prix Haldane au meilleur étudiant transhumaniste). En 1923, dans son essai *Daedalus, or Science and the Future* (*Dédale ou la science et l'avenir*[11]), Haldane écrivait « qu'il n'y a aucune grande invention, du feu à l'aviation, qui n'ait été considérée comme une insulte à un dieu quelconque[12] ». À ses yeux, le concept d'« ordre naturel » ne correspondrait à aucune réalité et n'avait eu pour effet que de bloquer le progrès humain.

Se penchant sur les racines intellectuelles du transhumanisme, Bostrom soutient qu'elles plongent directement dans l'humanisme et plus précisément dans le courant philosophique des Lumières du XVIIIe siècle. Il rappelle que Francis Bacon, dans le *Novum Organum*, propose une méthode scientifique qui permet de « réaliser tous les possibles » grâce à la science. « Or, quel était le but principal de ces humanistes ? Faire en sorte que tous les humains aient une meilleure vie », interprète Bostrom.

Devenir « meilleur », ici encore. Mais l'humanisme — auquel se réfère Bostrom — dans sa conception de l'éducation ne dit-il pas que c'est par la culture, le savoir, la science, la philosophie que l'humain s'améliore ? En tout cas, rarement est-il suggéré textuellement qu'il s'agit d'augmenter ses propres capacités cognitives, mémorielles ou sensorielles[13]. Bostrom répond à l'objection en disant que nous touchons là à la grande différence entre l'humanisme classique et le transhumanisme. « Il y a des limites à ce qu'on peut atteindre grâce à la connaissance. Par exemple, on ne peut certainement pas mettre fin au vieillissement en se contentant de réfléchir à la question. »

Que pense-t-il de Montaigne, grande figure de l'humanisme, pour qui la philosophie c'était apprendre à mourir[14] ? Une hérésie, évidemment. Pour Bostrom, « tout le monde a le droit de se convaincre que c'est une bonne chose de mourir », mais cela ne peut être le but d'un transhumaniste. Notamment parce que si un homme veut développer un type de sagesse de niveau vraiment supérieur, il n'aura pas le choix : il lui faudra passer par la biochimie. Pour améliorer les performances de son cerveau et vivre beaucoup plus longtemps que la moyenne. « La durée, même maximale, d'une existence humaine n'est pas suffisante pour consulter toute la littérature produite dans le monde actuel », dit-il, laissant entendre (même si c'est douteux) que la sagesse dépend de la quantité de livres lus.

Accès universel

Une question présente à l'esprit de tous est alors posée par un journaliste : « Seuls les riches profiteront de ces avancées techniques formidables, non ? » Déjà, dans l'ère *pré*-posthumaine, l'accès aux technologies, aux médicaments (pensons à la querelle sur les médicaments contre le sida, pratiquement inexistants en Afrique) est totalement inéquitable. Bostrom, qui manifestement attendait la question, répond que la « valeur cardinale » du transhumanisme est la nécessité, « pour tous les humains de la Terre », d'accéder à toutes ces technologies qui donneront accès à des « modes d'être supérieurs ». La méthode qu'il propose pour y parvenir est aussi simple que peu convaincante : plus une technologie est répandue, plus son prix baisse… C'est ce qui s'est produit avec les calculettes, les télécopieurs, les ordinateurs et les médicaments génériques, argue-t-il.

Cette question récurrente sur la redistribution des fruits technologiques est de celles qui indisposent le plus les révolutionnaires de la posthumanité. En cherchant à s'en déprendre, ils commettent parfois des bourdes. Pensons au prophète de la vie éternelle, Aubrey De Grey, le « biogérontologue » de l'Université de Cambridge, également directeur de la revue scientifique *Rejuvenation Research*. Il a un jour affirmé que « les riches qui auront accès aux thérapies pour vivre beaucoup plus longtemps auront tellement peur d'être tués par les pauvres souhaitant obtenir ces thérapies qu'un grand partage des technologies s'opérera[15] ». Comme par magie.

Mais Bostrom, sans doute pour contrer l'idée répandue que les transhumanistes sont des irresponsables prêts à essayer toutes les expériences scientifiques en rejetant tout frein éthique, conclut en disant que le transhumanisme a à cœur d'éviter les dérapages et les catastrophes liés à la science. « Par exemple, nous considérons comme irresponsables les médecins qui tentent actuellement d'effectuer des clonages reproductifs d'humains », déclare-t-il. Selon lui, « pour l'instant, mais pour l'instant seulement », seul le clonage dit thérapeutique est acceptable.

Religion ?

Promesse de vie éternelle, divinisation de la science... Une question s'impose : le transhumanisme est-il une nouvelle religion ? Pour certains, il est clair qu'on a affaire à une « secte scientiste » préparant un complot pour « infiltrer les lieux de pouvoir avec un programme d'automatisation de l'humain[16] ».

Sur un ton moins alarmiste, le philosophe américain Carl Elliott, après avoir assisté au congrès Transvision 2003, avait soutenu, dans un compte rendu, que cette manifestation avait effectivement des « accents religieux[17] ». Après tout, arguait-il, les transhumanistes tiennent des rassemblements fréquents, surtout en ligne, des sortes de messes. Ils partagent aussi un ensemble de croyances « à propos de la résurrection et de la vie éternelle, formulées dans le langage de la cryonie et de l'informatique ». Sans compter qu'ils divisent le monde « entre les croyants et les infidèles (les *bioluddites*) » et qu'ils se sentent investis d'un « devoir d'évangélisation », qualifié dans leur langage de « propagation des *mèmes* », une métaphore biologique[18]. À écouter les transhumanistes, enfin, nous approcherions d'un « grand moment apocalyptique », celui de la *Singularity*, point tournant de l'histoire, voire son aboutissement. La Singularity « pourrait survenir soudainement », du jour au lendemain : l'accélération exponentielle du progrès technique et de la puissance informatique fera naître, dans les machines interreliées, une forme de conscience qui pourrait se révéler hostile.

Par ailleurs, « les transhumanistes ont leurs textes sacrés », souligne Elliott, dont deux sont cruciaux. *The Engines of Creation*[19], d'Eric Drexler, prédit que les nanotechnologies permettront de détruire et de fabriquer tout ce qu'on veut. Avec ce contrôle total de la matière, « plus de pauvreté, plus de travail aliénant, plus de pollution ». L'autre ouvrage « sacré », selon Elliott, est *Mind Children*[20], de Hans Moravec, chercheur en robotique à l'université Carnegie Mellon, qui le premier a décrit comment, vers 2038, on pourra télécharger notre « âme dans le silicium[21] » en transférant les informations de notre cerveau dans un ordinateur monté sur un robot. Nous pourrions ainsi vivre éternellement. « Bien que ce ne soit sans doute pas sous cette forme que la plupart d'entre nous espèrent passer l'éternité », ironise Elliott.

Dans le hall de l'amphithéâtre McLeod, à TV04, on vend effectivement ces « textes sacrés », ainsi que d'autres traités de la même eau, tels *Redesigning Humans : Our Inevitable Genetic Future*, de Gregory Stock, chercheur à UCLA qui plaide pour que les parents puissent choisir les gènes de leurs enfants, *Remaking Eden*, du célèbre généticien Lee Silver, sans oublier *The Age of Spiritual Machines*, de Ray Kurzweil. On compte aussi plusieurs ouvrages sur la cryonie, comme *The First Immortal*, roman de James L. Halperin, et le grand classique de 1964, *The Prospect of Immortality*, de Robert Ettinger, professeur de physique et de mathématiques au Highland Park Community College du Michigan.

Mais sur les tables, on propose aussi, ce qui est plus étonnant, *Our Posthuman Future*, de Francis Fukuyama, *Life, Liberty and the Defense of Dignity*, de Leon Kass, et même *Better Than Well : American Medicine Meets the American Dream*, de Carl Elliott, l'éthicien critique de la posthumanité. En somme, si les transhumanistes sont religieux, ils proposent aussi aux lecteurs les écrits des grands hérétiques.

Enfin, il y a la promesse d'une vie éternelle. « La cryonie pourrait devenir fonctionnelle dans les cinquante prochaines années », lance le directeur exécutif et trésorier de la WTA, James Hughes, au terme de sa présentation devant les journalistes. « Les nanotechnologies permettront bientôt de corriger tous les dommages que la congélation aura causés au niveau cellulaire. Et par la suite, il suffira de réanimer le corps », déclare-t-il micro à la main, assez désinvolte.

L'espoir de la cryonie rappelle les promesses de résurrection de la chair dans nombre de cultes — y compris les sectes récentes comme les Portes du paradis, de triste mémoire, ainsi que les raéliens de Claude Vorilhon, alias Raël[22], grand cloneur devant l'éternel. Lorsqu'on demande aux dirigeants de la WTA si transhumanistes et raéliens mènent alors le même combat, Bostrom répond, déconcerté : « Ce n'est pas parce qu'un chef de secte a eu des positions qui ressemblent un tout petit peu aux nôtres que nous sommes en train d'organiser une religion. C'est très très dommage, très triste, que des gens puissent faire ce type de rapprochement. » Le mouvement transhumaniste, enchaîne-t-il, est composé de chercheurs et d'individus à l'esprit ouvert qui croient au progrès scientifique, pas à quelque chimère irrationnelle. « Et ce sont les religieux qui souvent nous reprochent d'être trop matérialistes », note-t-il.

Il faut bien l'admettre, les trois jours de Transvision étaient dépourvus de tout rite religieux à proprement parler. C'était un colloque tout ce qu'il y a de plus banal : « participants » se promenant avec des cocardes portant leur nom et leur fonction ; table de dépliants promotionnels ; exposés monocordes dans des salles éclairées aux néons ; présentations informatiques Power Point, la plupart du temps très laides ; pépins techniques liés à la sonorisation et aux ordinateurs (assez paradoxal pour ce groupe de *nerds* convaincus que l'avenir passe par les puces et la fusion avec les machines !).

On a certes parlé constamment de la possibilité prochaine de « vaincre la mort », mais jamais en désignant un au-delà. C'est bien dans ce bas monde que les participants de TV04 proposent le vieux rêve humain de l'immortalité. « Grâce à la science », répètent-ils. Les religions ? « Des transhumanismes primitifs », lance Kip Werking, ingénieur informaticien, étudiant en droit et étoile montante des cercles transhumanistes (on lui a remis le prix Haldane en 2004) qui portait fièrement un t-shirt *FightAging.org*

Bostrom, s'appuyant sur l'idée que le transhumanisme est un prolongement de l'humanisme, souligne que plusieurs « humanistes militants » de l'American Humanist Association participent au congrès. L'un d'entre eux, Jende Huang, lors d'un entretien, rejette vigoureusement tout amalgame de la WTA avec un mouvement religieux. « Au contraire, la WTA ne peut être religieuse puisque ce sont les religieux qui s'opposent au transhumanisme », plaide-t-il. « Les religieux, nous les nommons bioluddites, car ce sont eux qui refusent par exemple les recherches sur les cellules souches en se fondant sur leurs convictions spirituelles. »

Pour Huang, le transhumanisme et l'humanisme ont certes leurs différences, notamment en ce que l'humanisme a tendance à considérer la mort comme inévitable. Mais Huang insiste sur le fait que les deux mouvements luttent actuellement pour vaincre les « superstitions religieuses » et autres pensées « irrationnelles » qui « renaissent » dans plusieurs pays du monde. Aux États-Unis, il y a ce qu'on appelle les *culture wars*, affirme Huang. L'expression désigne le choc entre la droite chrétienne créationniste, opposée à l'avortement et aux recherches sur les cellules souches, d'un côté, et, de l'autre, les individus de gauche athées, tenants de la rectitude politique, disant avoir « d'abord foi en la science et la raison », comme on peut le lire dans les documents de l'American Humanist Association. Pour illustrer l'atmosphère des *culture wars*, Huang cite en exemple Ron Reagan, le fils de l'ancien président républicain, qui a prononcé au congrès du Parti démocrate (quelques jours avant TV04) un discours en faveur de la recherche sur les cellules souches. Que le fils d'un président républicain choisisse d'aller dans le parti adverse pour se faire entendre illustre l'ampleur du débat aux États-Unis. « Et dans ce débat, transhumanistes et humanistes sont tout à fait du même côté », affirme Huang.

Davantage des révolutionnaires

Le transhumanisme comble peut-être un besoin religieux pour certains de ses militants, mais en 2004 à Toronto, la WTA me faisait davantage penser à un groupe politique, une sorte de parti révolutionnaire ultrascientiste. Comme dans tous les regroupements du genre qui ont des convictions idéologiques et utopistes, on s'y serre les coudes. Le « nous » y est fort, alors même que les querelles (si le transhumanisme n'est pas une religion, il a en tout cas déjà ses chapelles!) déchaînent les passions. Lors de la réunion de l'exécutif de la WTA en marge de TV04, les militants des courants libertariens de droite et libertaires de gauche s'escrimaient pour prendre le contrôle de l'organisation. Des personnalités très différentes, aux conceptions du transhumanisme divergentes, s'entrechoquaient et luttaient pour le pouvoir.

Cela démontre que les transhumanistes sont encore pleinement humains. Car si l'on se fie à la présentation de Robin Hanson, économiste de l'université George Mason ayant notamment effectué des recherches controversées pour le Pentagone[23], les posthumains ne pourront pas diverger d'opinion. La notion de « débat » n'a pas d'avenir, a-t-il déclaré dans l'atelier « Transhumanist Public Policy ». Dans le monde humain, on « s'entend souvent pour dire qu'on ne s'entend pas » — en anglais, « *we agree to disagree* ». Ces désaccords proviennent du fait que « nous choisissons, volontairement ou non, de nous tromper sur ce que nous savons de la réalité ». Les humains, soutient Hanson, savent que « plus vous croyez en vous-mêmes, plus d'autres personnes croiront en vous ». Mais le monde posthumain échappera à cet irrationalisme. Ayant accès, grâce aux technologies de l'avenir, « aux mêmes données, à la même réalité », les êtres qui composeront le monde posthumain ne pourront agir ainsi. Et l'on peut donc prévoir qu'aucun désaccord ne déchirera ces êtres superrationnels : ils s'entendront sur tout. Plus besoin de politiciens, d'agora démocratique, de parlement ; l'entente régnera, c'est tout. L'exposé de Hanson était l'illustration parfaite de l'ambition antipolitique de ce mouvement.

Et les enfants seront vertueux, ils auront cela dans leurs gènes. C'est dans un atelier sur l'amplification de l'humain que ce terrifiant scénario a été présenté en détail. Le but est d'instiller dans les humains, par voie génétique, le sens de la vertu et de la justice. Mark Walker, jeune philosophe rattaché à l'Université de Toronto et éditeur d'une revue intitulée *Journal of Evolution and Technology*, justifie les interventions de ce type. Après tout, plaide-t-il sur un ton monocorde, les parents et les pays consacrent déjà beaucoup d'efforts et de temps à rendre vertueuses les générations montantes. « Mais il y a une limite à ce que nous pouvons obtenir par l'éducation et la socialisation », dit Walker, avant d'affirmer que plusieurs études[24] ont montré le caractère inné de certains traits de caractère, telles « la propension à la justice » et la disposition à dire la vérité. Selon lui, au moins 40 % de la personnalité prend racine dans la génétique. « Si un jour nous trouvons ce qui, dans les gènes et dans la composition chimique du cerveau, facilite le développement de comportements vertueux et bons, pourquoi devrions-nous nous empêcher de l'utiliser ? » Pour augmenter les probabilités que nos enfants naissent avec ces traits vertueux, il suffira d'utiliser la méthode du diagnostic préimplantatoire. Ainsi, des parents pourraient sélectionner le « bon » embryon, parmi plusieurs produits *in vitro*, pour ensuite l'implanter dans l'utérus de la mère. « Si le but de l'éthique est de rendre nos vies et notre monde meilleurs, nous nous devons d'explorer la possibilité des vertus produites génétiquement », déclare le philosophe avant de donner l'adresse Internet du site de son groupe de recherche, le Genetic Virtue Program.

Revenons à notre question : religieux, le transhumanisme l'est peut-être à l'instar d'un certain marxisme qui s'est substitué au XXe siècle aux antiques croyances et qui a suscité de nombreuses « luttes de libération ». Religieux peut-être, mais « intramondain », ancré dans ce monde et non dans un au-delà. Francis Fukuyama, je le notais dans l'introduction, parle d'ailleurs du transhumanisme comme d'un « curieux mouvement de libération ». Comme pour confirmer cette thèse, il suffit de prendre connaissance du livre d'un des transhumanistes les plus en vue (une des vedettes de TV04), le journaliste scientifique Ronald Bailey : *Liberation Biology : A Moral and Scientific Defense of the Biotech Revolution*[25].

Même si le transhumanisme a pour but une forme d'abolition du politique, pour certains de ses militants la bataille doit tôt ou tard déboucher dans la sphère politique. L'extropienne Natasha Vita-More, par exemple, a mis sur pied, dans les années 1990 en Californie, un comité d'action politique, baptisé Pro-Act dont le but était de promouvoir les thèses posthumanistes. De plus, en février 2004, après la publication par le PCoB du rapport *Beyond Therapy*, les Extropiens ont convoqué — en ligne — un *Vital Progress Summit* dont l'objectif était de contrer la montée des « bioconservateurs » comme Kass et Fukuyama, ces prétendues « forces de la réaction » qui expliquent la popularité croissante de notions telles que le « principe de précaution ». S'autoproclamant « Parti de la vie », les Extropiens pourfendaient tous les néoluddites.

Le gala des mutants

Après le dernier atelier de la journée, tous les participants au colloque étaient conviés, dans un pub de Toronto, à un repas au cours duquel on remettrait les prix H.-G.-Wells et Haldane. Le premier pour distinguer une personne ayant apporté une « contribution exceptionnelle au transhumanisme », le second pour souligner le meilleur texte transhumaniste écrit par un étudiant.

Aubrey De Grey, que j'avais interviewé quelques semaines auparavant et qui faisait depuis quelques mois la une de grands magazines scientifiques (comme *Technology Review*), remporta le premier de ces prix. De Grey prétend avoir développé la solution théorique à la « maladie de la vieillesse », une méthode qui pourrait permettre de vaincre la mort[26]. C'était vraiment la grande star de l'événement, la « révélation de l'année ».

Avec son allocution d'acceptation pétrie d'humour britannique, De Grey déclencha l'hilarité de l'auditoire. C'est un « converti » récent, ou plutôt une sorte de M. Jourdain de la posthumanité, pratiquant la chose depuis des années sans vraiment le savoir (c'est le cas de nombreux autres scientifiques, je crois). En fait, c'est seulement quelques mois avant TV04 qu'il soutient avoir compris qu'un « posthumain, c'est un trans trans trans trans… humain ».

« Ça m'inquiétait un peu, cette idée de posthumain, lance-t-il le sourire en coin et l'accent britannique très prononcé, parce que moi, j'aime bien l'humain dans sa forme actuelle. J'aime bien ma barbe, ma queue de cheval, etc. », dit-il en filant nerveusement ses longs poils roux. Avant de déclarer sa fierté de « faire partie de cette communauté de pensée », il précise que la posthumanité, pour lui, « c'est le point où on aura tellement réussi à améliorer l'humain qu'on ne le reconnaîtra pratiquement plus. Pour autant, on n'a pas encore cessé d'être transhumain, parce que l'on continue d'évoluer vers autre chose ».

Anti-mort contre *pro-mort*

La conférence qui suivit fut prononcée par le journaliste américain Ronald Bailey, ancien de la revue *Forbes*, maintenant correspondant scientifique du magazine libertarien *Reason.com* et auteur d'un livre antiécologiste intitulé *Ecosam*[27]. Il raffermit mon impression d'assister aux débuts d'une querelle qui pourrait prendre de l'ampleur dans ce siècle : celle sur l'inévitabilité ou non de la vieillesse et de la mort. Une querelle entre anti-mort et pro-mort paraît (pour l'instant, du moins…) bien théorique, voire absurde, mais elle s'enviemera facilement si certaines techniques anti-âge parviennent, dans les prochaines décennies, à faire des percées importantes, à allonger réellement l'espérance de vie.

Bailey prononça un discours assez étoffé en faveur de l'allongement de l'espérance de vie, avec l'abolition de la mort pour horizon ultime. Un véritable discours de « libération » (dirions-nous en écho à son dernier livre, *Liberation Technology*) et de motivation à l'endroit des posthumanistes présents. Il concentra ses attaques sur trois principaux « ennemis de l'allongement de la vie » : Daniel Callahan, Leon Kass et Francis Fukuyama, des intellectuels selon lui bioluddites puisqu'ils ont tous trois développé une argumentation s'opposant à la prolongation radicale de l'espérance de vie. Bailey estime que ces adversaires feront tout dans les prochaines années pour enrayer les recherches scientifiques et favoriser l'« acceptation de la mort ». Déjà, Kass a réussi à convaincre la Maison-Blanche d'interdire tout financement public pour les recherches sur les cellules souches, fait-il remarquer.

Bailey commença par caricaturer trois arguments invoqués par le chercheur Daniel Callahan. Ce dernier a publié en 2004 un article dans le *Journal of Gerontology* où il dénigrait la position posthumaniste sur la mort : aucun des problèmes graves de notre temps, tels la guerre, la pauvreté, l'emploi ou encore la violence, ne serait réglé par une espérance de vie prolongée, affirmait-il. « Davantage de golf » : voilà au fond, plaisantait Callahan, à quoi mènerait une espérance de vie prolongée. Plus sérieusement, il signalait les importants problèmes qui en découleraient : qui voudrait élever des enfants ? Qu'arriverait-il des retraites et du système de santé ?

En bon militant, Bailey s'employa à démolir chacun de ces arguments. « La plupart des gens ne s'adonnent pas à des activités qui permettent de régler les problèmes de la guerre, de la pauvreté et de la violence. Est-ce qu'on leur dit que leurs activités sont inutiles ? » Rallonger la vie et repousser la mort n'entraîneraient pas une aggravation des problèmes énumérés par Callahan, mais pourraient même permettre de réduire leur incidence : « Si les gens vivent plus longtemps, ils seront peut-être davantage intéressés à régler ces problèmes. Chose certaine, si, avant d'accepter le progrès, on avait attendu que le monde fût absolument juste, il n'y aurait jamais eu de progrès. » Bailey s'exclame : « N'est-ce pas ridicule ? Le feu, la roue, la domestication des animaux. Notre espèce a toujours procédé par essais et erreurs. On devrait se permettre de faire la même chose avec toutes les techniques et biotechnologies anti-âge qui se présenteront. »

Vivre ennuie

L'ennui que provoquerait l'allongement de la vie est le deuxième problème soulevé par Callahan. À partir d'une dizaine de décennies, on commencerait à s'ennuyer d'exister. Le chercheur raconte avoir dirigé une organisation pendant vingt-sept ans : « Au terme de ce mandat, ce n'est pas vraiment de la fatigue physique que j'ai ressentie. C'est plutôt l'ennui qui s'est développé en moi, à force de refaire la même chose de manière répétitive. » L'argument fâche Ronald Bailey et son auditoire, d'où fusent quelques « *ridiculous!* ». « Puis-je suggérer que ce n'est pas parce que Callahan en a assez de la vie qu'il faut qu'il en soit ainsi pour nous tous ? » Nous vivons au XXIe siècle, poursuit vigoureusement Bailey, où nous baignons dans une « abondance intellectuelle et culturelle », une ère où « les possibilités de choix de vie augmenteront sans cesse ». Au fait, lance-t-il comme si son adversaire était en face de lui, « M. Callahan, si vous en avez assez de la vie et du golf, personne ne vous forcera à rester dans ce monde. Vous pourrez choisir d'en finir ! »

Par la suite, Bailey admit qu'un allongement radical de l'espérance de vie créerait de nouveaux problèmes sociaux. « Mais on est passé en cent ans d'une espérance de quelque quarante ans à presque quatre-vingts et on a affronté les problèmes qui ont surgi. Nous ferions de même cette fois. » Dans son texte, Callahan s'inquiétait particulièrement de ces personnes âgées « qui s'accrocheront à leur poste et empêcheront les jeunes d'accéder à des emplois ». Aujourd'hui, c'est parfois déjà le cas dans nombre d'universités américaines, faisait remarquer le gérontologue. Bailey, optimiste, répond : « Les jeunes, aujourd'hui, n'attendent pas que leurs aînés meurent pour obtenir un emploi. Ils fondent de nouvelles entreprises. Bill Gates n'a pas attendu que les gens d'IBM meurent, il a fondé Microsoft à l'âge de vingt ans. » De plus, vivre dans un pays à longue espérance de vie entraîne de bonnes retombées : c'est dans ces contrées qu'il y a toujours plus d'innovation. Selon plusieurs économistes, la croissance de l'espérance de vie depuis le XIXe siècle est responsable de plus de la moitié de la hausse du niveau de vie aux États-Unis. « En d'autres termes, tous les gens deviennent plus productifs parce qu'ils apprennent plus, ils trouvent des manières d'agir qui sont plus efficientes. »

Quant au « davantage de golf » de Callahan, Bailey trouve le raccourci franchement ridicule. « Cela me laisse sans voix ! Ce grand scientifique n'a pas compris que ce que la science prépare, ce ne sont pas plus d'années de vieillesse, mais beaucoup plus d'années en bonne santé. Autrement dit, nous continuerons d'être productifs et de nous faire vivre [...]. Si je pouvais vivre cent quarante ans, je retournerais aux études pour faire un diplôme en biologie. »

Et les enfants ? Porter des enfants, les élever ? Callahan, comme Leon Kass, craint qu'avec une espérance de vie doublée on soit moins intéressé à se reproduire. « Et puis après ? », demande Bailey. « La décision d'avoir des enfants devrait revenir aux individus. » Il note que c'est d'ailleurs déjà le cas à l'heure actuelle : les pays qui ont les meilleures espérances de vie ont aussi les taux de reproduction les plus bas. « Dans plusieurs pays européens, les taux de natalité sont les mêmes depuis des décennies. Difficile d'expliquer pourquoi, mais l'allongement de l'espérance de vie y est sûrement pour quelque chose. » Voilà un argument qui pourrait servir selon lui contre des écologistes — comme David Suzuki, par exemple — qui craignent la surpopulation : l'allongement de l'espérance de vie réduirait le risque d'explosion d'une bombe P (pour population), pour reprendre l'expression de Paul Ehrlich.

Au dire de Bailey, dans un monde de superlongévité, l'attitude pro-choix envers l'avortement serait encore plus répandue et « l'on déciderait d'avoir des enfants et de les élever uniquement lorsqu'on serait certain d'avoir les ressources et le temps pour bien le faire. Moi par exemple, je dis toujours à ma femme : "Lorsque nous serons plus jeunes, nous aurons des enfants". » Bailey est fier de son humour posthumaniste. C'est que le journaliste dans la jeune cinquantaine espère vivre assez longtemps pour profiter de l'« *escape velocity* », ce moment où des technologies d'allongement de l'espérance de vie efficaces seront disponibles.

Ronald Bailey s'attaque ensuite à l'argumentation de Francis Fukuyama, selon qui les buts visés par les techniques d'allongement de la vie « sont parfaitement souhaitables et rationnels sur un plan individuel, mais comportent d'importants coûts sociaux pour les générations futures ». Il est normal pour l'individu de vouloir rester en vie le plus longtemps possible, estime Fukuyama, mais si des techniques permettaient à tout le monde d'y arriver, la société s'effondrerait sous le poids des générations de quasi-immortels. Bailey trouve l'argument « étrange » et rétorque que, « pour quelqu'un qui s'y connaît en philosophie politique, Fukuyama aurait dû se rappeler que Thomas Hobbes dans *Léviathan* a bien démontré que les individus forment des sociétés parce qu'ils ne veulent pas que leur vie soit "solitaire, pauvre, dangereuse, pénible et courte". En d'autres termes, les individus n'existent pas pour les sociétés. Ce sont celles-ci qui existent pour les individus. » Et les générations qui nous ont précédés au XXe siècle, durant lequel l'espérance de vie a pratiquement doublé, « est-ce qu'elles nous ont demandé la permission ? », s'interroge Bailey. Comme un politicien en campagne, il répond alors de manière rhétorique : « Non, elles ont agi, voilà tout. Et je crois que nos descendants n'auront pas plus de reproches à nous faire que nous n'avons de réprimandes à adresser à nos ancêtres. »

Kass et la philosophie pro-mort

Bailey termina son réquisitoire en s'attardant avec une délectation évidente au cas du bioéthicien Leon Kass, qu'il surnomme sa « bête noire ». Dans la salle, on jubile. À entendre Bailey, Kass, avec ses « ruses poétiques », a réussi à charmer tout Washington, jusqu'à se faire nommer président du President's Council on Bioethics, où il « promeut sa philosophie pro-mort ».

Depuis plus de trente ans, déplore Bailey, Kass écrit dans les journaux que l'allongement de l'espérance de vie minera à terme notre capacité à nous engager, à nous marier. Le « sens de l'urgence » va nous quitter et nous aurons de plus en plus tendance à repousser à demain ce que nous pouvons faire aujourd'hui. L'intérêt à avoir et à élever des enfants déclinera. Notre attitude envers la mort se transformera complètement parce que des individus engagés dans le combat contre le vieillissement sont probablement les moins bien préparés pour la mort et les moins prompts à accepter son caractère inévitable. Enfin, l'allongement de la vie minerait la notion de « cycle de vie ».

La réponse de Bailey se fait longue et emportée. Son auditoire, qui boit ses paroles et note tous ses contre-arguments pour les réutiliser contre tous les pro-mort, acquiesce. Surtout lorsque Bailey lance que si l'on écoutait Kass, « les générations futures jetteraient un regard perplexe sur les premières années du XXIe siècle lorsqu'un important groupe d'individus intelligents et bien intentionnés voulurent arrêter les recherches médicales et scientifiques pour prétendument empêcher de transgresser les frontières de la nature humaine ». Or, c'est précisément la nature humaine qui nous conduit à souhaiter nous dépasser, « et c'est ce que le transhumanisme a compris ». Pour clore son allocution, Bailey déclare : « Je le prédis, les générations futures nous regarderont, nous, transhumanistes, comme ceux qui ont finalement permis que les êtres humains aient une vie vraiment plus longue et en meilleure santé. » Applaudissements nourris.

Le fléau de la mort involontaire

Après le dîner, sur le chemin du retour à l'Université de Toronto, je fais la connaissance de Bruce J. Klein, jeune fondateur de ImmInst.org, un « institut » consacré à l'immortalité et situé à Birmingham, en Alabama. Sa mission, me dit-il, est de « vaincre le fléau de la mort involontaire », rien de moins. Klein n'a pas trente ans et raconte qu'il a décidé d'accélérer les projets de son institut en juin 2004, lorsque sa mère de quarante-neuf ans a été tuée dans un accident de voiture. « À partir de ce moment, j'ai déclaré la guerre à la mort. La lutte a pris un tour personnel. » La phrase, qui n'est pas sans rappeler quelque réplique de justicier de western, traduit une révolte singulière. Dans son site Internet, Klein écrit que « ce monde humain est totalement indifférent à l'égard de nos sentiments. Ma mère n'a eu aucune chance de choisir sa mort ». Depuis cette disparition tragique, Klein raconte avoir fait le serment de ne laisser ni sa femme, ni son père, ni quiconque de sa parenté ou de ses amis « mourir sans qu'ils l'aient choisi ». Pour l'instant, son but est de faire des livres, un film, et d'alimenter son site Web pour amener les gens à prendre conscience de cet enjeu et de la possibilité pour l'humanité, « dans peu de temps », de surmonter cette limite imposée. Au fond, pour lui, seule la mort choisie est acceptable. Dans un monde posthumaniste, la mort naturelle aura été éliminée. Et la mort accidentelle sera réversible.

Klein pointe devant moi un participant de TV04, John Oh, un informaticien d'origine asiatique habitant la Floride pour qui il dit avoir un « grand respect ». « Moi, j'ai essayé de faire ce qu'il fait et je n'y suis pas arrivé », raconte Klein. Quoi exactement ? La « restriction calorique ». En effet, Oh a commencé il y a deux ans et demi une sévère diète de restriction calorique (RC) qui l'amène à manger radicalement moins dans le but de vivre plus longtemps. En fait, il diminue en permanence son apport calorique de 40 % par rapport aux humains normaux.

« La RC est la seule méthode anti-âge qui ait vraiment été démontrée scientifiquement », nous dit Oh lorsque nous le rejoignons. Oh détient un diplôme de Harvard, mais il a cessé de travailler l'année précédente pour se consacrer uniquement à son objectif de « vivre plus longtemps ». Anorexie volontaire ? Non, rétorque-t-il, car la composition des aliments est très surveillée. John Oh, extrêmement maigre et la peau jaunâtre, presque phosphorescente, explique qu'il s'agit au fond de « revenir à l'alimentation que l'évolution avait choisie pour nous », faite essentiellement de fruits et de légumes ; c'est la façon dont nous mangions lorsque « nous étions des chasseurs-cueilleurs », explique-t-il. Non que ces derniers vivaient plus longtemps que nous, mais « c'est ainsi que la nature nous avait conçus ». (Le point de vue surprend dans le contexte de ce congrès transhumaniste traversé par le rêve de transgresser les limites naturelles et par l'idée que l'humain est toujours en évolution.) Oh explique que pour l'instant il faut se maintenir en vie le plus longtemps possible afin d'être de ce monde lorsque les grandes thérapies antivieillissement (comme celles envisagées par Aubrey De Grey) seront offertes, « stratégie » mentionnée plus haut qu'on appelle *escape velocity*. « Très bientôt, nous pourrons peut-être obtenir les effets de la restriction calorique sans avoir à jeûner », espère pour sa part James Hughes.

Du reste, John Oh précise qu'il faut « faire attention de ne pas adopter ce style de vie trop brusquement » lorsqu'on commence tardivement, dans la trentaine, comme lui. Car la restriction calorique n'est pas sans risques ni complications. Dans le récit de sa participation à TV04 qu'il a publié dans le Net[28], l'étudiant en droit Kip Werking (dont j'ai parlé plus haut, p. 141) raconte qu'il a lui-même déjà pratiqué la RC. Selon Werking, Oh — qui ne mange que du bio, promène partout un sac de ses propres aliments et parle de mettre sur pied sa propre ferme biologique — a comme bien des praticiens de la RC un rapport totalement obsessionnel avec l'alimentation.

Werking écrit : « Peu après l'avoir rencontré, j'ai décidé de lui faire part de mes propres appréhensions à l'égard de la RC. Moi-même j'ai souffert d'anorexie et de boulimie, aggravées par ma tentative, pendant des années, de pratiquer la RC. Et j'y ai presque laissé ma peau.» Ostéoporose, dégradation du cœur, problèmes de fertilité : Werking estime que les risques sont tels que le jeu n'en vaut pas la chandelle. Sans compter que « de s'affamer afin d'allonger son espérance de vie perd tout son sens si on est frappé par un camion, par exemple », rappelle-t-il avec un humour salutaire.

Art posthumain

Les images à la fois délirantes et rebutantes d'une performance artistique contemporaine défilent sur un grand écran, dans l'amphithéâtre McLeod plein à craquer, quelques heures après le dîner dans le pub. On y voit un homme nu, en position horizontale, suspendu dans le ciel de Copenhague par une dizaine de crochets métalliques insérés dans la peau du dos, des fesses et des jambes, au bout de longs câbles reliés à une grue mécanique géante.

Je l'ai déjà noté, le thème du congrès 2004 était « Art and Life in the Posthuman Era », et debout devant l'écran, sur la scène, se tient l'artiste australien Stelarc, en quelque sorte le clou du congrès Transvision. La caution artistique de l'idéologie du transhumanisme. C'est lui, dans la vidéo, qui se trouve suspendu. « Voilà : "le corps" [c'est ainsi qu'il parle de lui] trimbalé au dessus du Théâtre royal danois, tel un vulgaire sac de peau rempli d'os », explique-t-il, ponctuant sa phrase d'un rire guttural.

Stelarc est l'un des chefs de file du courant posthumain d'art contemporain, lancé dans les années 1980 par Donna Harroway avec son *Cyborg Manifesto*. Dans cette mouvance, l'artiste française Orlan s'est rendue célèbre entre autres choses pour ses opérations chirurgicales en direct et ses implants frontaux « pour ressembler à Mona Lisa ». En fait, chaque artiste posthumaniste rivalise d'audace pour illustrer la prétendue obsolescence du corps traditionnel, devenu un auxiliaire du moi, un « accessoire » sur le point d'être dépassé. Nos corps, à leurs yeux, n'ont jamais été habités par quelque âme, nous avons toujours été des *cyborgs* parce que nous nous sommes toujours servis de la technique pour prolonger la portée de nos sens.

Les quelque 200 participants de Transvision 2004 frémissent à la vue des images, mais plusieurs semblent adhérer au spectacle de Stelarc, qui tient à la fois du fakir postmoderne et d'un *Jackass*[29] sophistiqué, poussant la logique du *piercing* à son extrême limite. Dans la salle, des transhumanistes enthousiastes filment ou enregistrent l'exposé de Stelarc, lequel présentera en tout une dizaine d'extraits audiovisuels de ses performances. De douloureuses « suspensions », comme celle de Copenhague, mais aussi des jeux de prothèses, dont la « greffe » symbolique d'un troisième bras doté d'une main mécanique aux gestes autonomes (indépendants du corps de l'artiste). Stelarc présente aussi des « exosquelettes » à l'allure d'insectes mécaniques géants, au milieu desquels l'artiste se tient, actionnant l'attirail par les mouvements de son corps. Autant de « figures du prolongement du corps par les machines », interprète-t-il. Il expose aussi quelques projets en cours ou futurs, comme celui de se faire greffer une troisième oreille, artificielle (faite de matière organique), sur le côté du visage, sinon sur un bras. Il exprime sa frustration de ne pas trouver un médecin pour lui permettre d'accomplir son dessein artistique : « Les chirurgiens font des expériences sur toutes sortes de personnes malades, mais pas sur des artistes consentants ! » Stelarc présente enfin un avatar numérique qu'il nomme « prothèse de tête ». Il s'agit d'une projection 3D du visage de Stelarc qui répond de manière stupéfiante et presque réaliste à des questions de membres de l'auditoire choisis au hasard. On croyait presque réussi le fameux test de Turing[30].

La salle avait été « préparée » par une autre artiste, Natasha Vita-More, présidente de l'Institut de l'Extropy, qui avait présenté des extraits d'interviews imaginaires avec des « prototypes posthumains » existant dans la littérature et dans la réalité : Primo, un corps parfait de l'avenir, imaginé par elle (voir le chapitre suivant) ; Ramona, un avatar vidéo du MIT, lectrice synthétique de journaux télévisés ; Asimo, le robot bipède de Honda, qui peut ouvrir une porte et se mouvoir seul dans un escalier ; Creature, un algorithme évolutif ; Nano, un nanorobot ; enfin l'agent Smith, du film culte *Matrix*. Morale de la présentation : « Depuis des temps immémoriaux, notre corps a été notre production artistique puisque nous l'avons habillé, décoré, marqué, percé, modifié à notre guise et selon les modes. Dans ce siècle, nous poursuivrons dans la même veine, en lui donnant encore plus de formes, de tailles, de goûts divers », affirme Natasha Vita-More. En somme, le posthumain futur « sera ce que nous voudrons bien imaginer ».

Au terme de la soirée, je croise, dans le hall de l'amphithéâtre, Mme Vita-More. Je pointe du doigt la phrase gravée au bas de la statue d'Hippocrate, ce père de la médecine : « La vie est courte, l'art est long. » La désignant, Mme Vita-More s'exclame : « Mais plus pour longtemps ! »

CHAPITRE 3

Max et Natasha, les premiers Extropiens

Ce n'était pas la première fois que je rencontrais Natasha Vita-More[1]. L'occasion de l'interviewer avec son mari Max More s'était présentée un an avant Transvision 2004, dans leur maison d'Austin, au Texas. Nous étions allés manger dans un restaurant mexicain et la conversation s'était poursuivie dans un Starbucks pour se terminer en fin de soirée chez Natasha et Max. La soirée avait été assez agréable, l'artiste et le philosophe acceptant de parler très librement de tout et de rien — de Descartes, du corps machine, de la plongée sous-marine comme expérience posthumaine, etc. — respectant la règle américaine de la familiarité instantanée. Les deux Extropiens avaient beau avoir une confiance presque illimitée dans la technique, ils me confièrent que celle-ci avait échoué à leur donner l'enfant qu'ils ont tant désiré : les hormones, les fécondations *in vitro*, rien de la panoplie actuelle de la procréation assistée n'a fonctionné. Quelques fausses couches tout au plus. Max, prophète de l'immortalité posthumaine, qui n'avait alors que trente-neuf ans, se résignait même assez facilement, me sembla-t-il : « À presque cinquante-cinq ans, il est trop tard pour que Natasha ait un enfant. » Elle acquiesça, à ma grande surprise[2].

Autre malheur : Natasha avait beau, toute sa vie, s'être maladivement tenue en bonne santé, avoir imaginé le meilleur des corps, immortel (Primo, voir plus bas), elle n'avait pu éviter l'épreuve typique des *homo sapiens* de l'ère industrielle : le cancer. On l'avait débusqué, à un stade primitif, dans sa vessie, en 2002. « C'est une retombée tardive de l'époque où elle manipulait des produits toxiques dans des ateliers. Elle pratiquait alors l'art de la tapisserie », explique Max. Heureusement, Natasha est en rémission : voilà au moins une chose que la technique aura faite pour elle. En ce mois de juin 2003, malgré leurs professions de foi extropienne lors des interviews, malgré leurs discours de « haine » pour la mort, une inquiétude bien peu posthumaine semblait donc habiter le couple.

Après mon séjour dans le *Lone Star State*, nous étions restés en contact par courriel. Mais un peu plus d'un an après notre rencontre, à Toronto, ni Natasha ni Max ne semblaient se rappeler de moi ou de mon passage dans l'État de George Bush. « On s'est déjà parlé ? », s'interrogea Natasha en fronçant les sourcils, après que je lui ai fait la bise (il faut être familier, non ?). « Oui, oui, votre visage me dit vaguement quelque chose », hésita pour sa part Max. « Au fond, un petit *boost* pour la mémoire ne leur aurait pas nui », pensai-je alors.

Une bonne histoire

À leur décharge, il faut dire que Natasha et Max rencontrent beaucoup de journalistes. Ils représentent « une bonne histoire », selon l'anglicisme d'usage dans le métier. Dans un article du *LA Weekly* consacré au couple, en 2001, le journaliste Brendan Bernhard raconta d'ailleurs son malaise à ce sujet : arrivé chez les More, il constata qu'il n'était pas le seul, cette journée-là, à avoir rendez-vous avec Natasha et Max. Dans le salon, une équipe télé de Discovery Channel terminait avec les deux Extropiens une interview longue et « très sérieuse » (selon l'ironie de Bernhard, plutôt critique à l'égard du couple). Après tout, ce sont là les premiers vrais militants déclarés de la « posthumanité ». « Autoproclamés », diront certains. Sauf que depuis le début du siècle plusieurs autres transhumanistes, comme James Hugues — lequel ne partage pourtant pas les convictions libertariennes des Extropiens — présentent More comme un « pionnier ». Des opposants au posthumanisme comme Bill McKibben évoquent explicitement More et ses écrits. Klaus-Gerd Giesen, de l'Université d'Auvergne et de l'Université de Leipzig, écrit : « Ce fut la rencontre en Californie du Sud entre F. M. Esfandiary, qui connut une audience grandissante sous le pseudonyme mythique de FM-2030, l'artiste Nancie Clark, qui agit à présent sous le nom d'emprunt de Natasha Vita-More, John Spencer, de la Space Tourism Society, puis plus tard le légendaire Britannique Max More (jadis Max O'Connor) qui provoqua les premières tentatives de systématisation de ce qu'il faut bien appeler une idéologie en plein essor[3]. »

Ainsi, Natasha se proclame la « première femme transhumaniste ». Max fonda — comme je le soulignais plus tôt — l'Institut de l'Extropy en 1988 avec un dénommé T. O. Morrow (pseudonyme « résolument » tourné vers demain !), un ami de l'Université de la Californie du Sud. Max y faisait son doctorat en philosophie[4] après avoir terminé une maîtrise en philosophie et économie politique à Oxford, dans son Angleterre natale (il est né à Bristol en 1964). « J'ai quitté l'Angleterre parce que je cherchais un endroit plus accueillant pour un mode de pensée *ouvert*. Même en Californie, j'ai trouvé que le Nouveau Monde était un peu trop en retard. C'est en partie pourquoi nous sommes à Austin aujourd'hui. Aussi, j'aime changer d'endroit, me déplacer, découvrir de nouveau lieux. Et au Texas, nous pouvions nous offrir une maison convenable. »

Look

Le *look* : voilà ce qui explique sans doute en partie le succès médiatique du couple. Concordant totalement avec leur discours, il illustre presque jusqu'au ridicule une certaine idée de la posthumanité.

C'est ce qui m'avait frappé la première fois que j'avais aperçu Max dans le saisissant documentaire *Synthetic Pleasure* (1995)[5], de la cinéaste Iara Lee. Les cheveux attachés en queue de cheval, Max présentait, sous le soleil ardent de la Californie, ses thèses pro-OGM et le besoin selon lui urgent d'un nouveau « siècle des Lumières », d'un « nouvel humanisme qui voit au-delà des capacités et limites actuelles et qui se sert vraiment de la raison, de la science et de la vérité objective pour améliorer les possibilités humaines ».

More fait presque deux mètres. Blond-roux, des muscles de culturiste amplifiés aux suppléments alimentaires, son visage est large, assez sévère, son front saillant. Sans sa relative timidité et son affabilité, on pourrait le croire tout droit sorti d'une affiche de propagande nazie. De plus, il pense vite, cisèle ses phrases avec précision, grâce à un vocabulaire et à une syntaxe britanniques. Son discours est bien étayé et il semble avoir réponse à tout.

Natasha, de quatorze ans son aînée, est une New-Yorkaise devenue Californienne et plus récemment encore Texane. Sa voix grave, son rire cristallin et son élocution du type lectrice de nouvelles à CNN la rendent facile (et plutôt agréable) à interviewer. « Femme fatale, objet du désir surhumain, [...] croisement entre Madonna, Schwarzenegger et Marcel Duchamp » : voilà comment le magazine *Atlantic Monthly*[6] l'a présentée. La BBC lui a consacré en 1996 un documentaire intitulé *Muse of Eternal Life*. Elle a d'ailleurs posé entre autres pour *Wired* et quelques magazines italiens. Dans son site Internet[7], on peut voir cette maniaque du culturisme[8] au visage de mannequin en pleine session d'entraînement, adoptant des poses suggestives dans son justaucorps ajusté, très échancré aux seins et aux fesses.

Le charme de la chirurgie plastique

À cinquante-quatre ans, son charme opère d'ailleurs toujours dans la communauté transhumaniste où, de la gente féminine, elle demeure une des seules représentantes. La description érotisée qui suit, au ton presque potache, l'illustre bien. Shannon Larratt, fondateur de BMEzine.com, un site de mordus de la modification corporelle, décrit l'apparition de Vita-More lors de TV04 :

> Quand Natasha est montée sur scène, je n'avais jamais vu, dans aucun des colloques auxquels j'ai assisté, plus de flashs éclater en même temps. L'armée d'hommes transhumanistes présents, chacun avec sa lentille d'appareil photo en pleine érection, montrèrent qu'ils étaient toujours esclaves de la testostérone. Natasha a un corps transhumaniste comportant des attributs mammaires manifestement « augmentés ». Elle porte une grande attention à sa forme et à ses formes physiques. Ne voyez aucune grossièreté dans mes propos : l'attrait puissant de la chirurgie plastique extrême est tout ce qu'il y a de plus pertinent pour les corps transhumanistes.

Pourtant, lorsqu'elle avait ouvert la porte de sa maison d'Austin, en juin 2003, Natasha m'avait paru de prime abord plus petite et aussi beaucoup plus âgée que ce que les photos et les descriptions du web laissaient croire. Au surplus, de proche, on pouvait voir des traces évidentes de chirurgie plastique. Sa peau légèrement étirée au front et aux tempes, ses dents très blanches, sa lèvre supérieure un peu trop gonflée.

Natasha et Max More ont fait subir à leur nom une transformation extrême puisqu'ils sont nés Nancie Clark et Max O'Connor. « Se rebaptiser ainsi, jusque dans les papiers officiels, n'est pas obligatoire chez les Extropiens », insistent-ils. Après tout, dans le sud de la Californie, « tout le monde ou presque change de nom : les acteurs, les écrivains ». La pratique semble néanmoins quelque peu sectaire. Et j'abordai le sujet avec Max, après le dîner, dans un Starbucks de sa banlieue, pendant que Natasha était allée chercher de la crème glacée Ben and Jerry's (dessert si peu posthumain) dans sa Mercedes bosselée (elle avait eu un accrochage le jour précédent). Bien assis dans un divan de cuir, sirotant un cappuccino glacé, Max explique calmement que l'Extropy est fondée sur la notion de « société ouverte » et découle de la pensée libertarienne, dans le sillage de Ayn Rand, romancière américaine, et de Friedrich von Hayek[9], philosophe économiste ultralibéral et antitotalitaire. Nulle secte possible dans un courant ayant une telle origine, dit-il. Au demeurant, l'Extropy n'est même pas un mouvement à proprement parler, précise-t-il, plutôt une sorte « d'aimant intellectuel pour les nouvelles idées ».

Son changement de patronyme s'explique d'abord par des motifs personnels. Max a toujours été très mal perçu dans sa famille de fondamentalistes chrétiens. Depuis son très jeune âge passionné de science-fiction, notamment des X-Men, il raconte avoir toujours eu l'impression d'être lui-même « un mutant » et de ne pas « cadrer du tout dans cet environnement religieux ». En se nommant More, il marquait une rupture. Du reste, il ne nie certainement pas qu'il a souhaité faire de « More » une étiquette pour sa pensée. Il suffit en fait de cliquer sur ce patronyme artificiel pour que s'affiche tout un programme. *More* : il y a là, note-t-il, une référence à Thomas More, auteur d'*Utopie*. Mais il faut surtout prendre ce More au sens plus littéral : « plus ». Comme celui qui devient « plus » que ce qu'il est. Quant à « Max », comme je le lui fais remarquer, cela pourrait être considéré comme l'abréviation de « maximum ». *Maximum et plus* : tout est là ! Toujours plus haut, toujours plus loin. Celui qui se réclame d'une forme de nietzschéisme acquiesce en souriant, ce qui est assez rare chez cette personne réservée, mais qui voue un culte à la vitalité, à la vie, à la force, au dépassement.

« C'est juste de dire que ce nom résume bien l'essence de ma pensée. » L'Extropy, « c'est l'opposé de l'entropie », enchaîne-t-il en précisant que le néologisme vient de son ami Morrow. L'entropie, c'est la tendance vers « le désordre, le délabrement, la déchéance » ; l'Extropy, c'est la tendance vers la revitalisation, une plus grande longévité, une vie plus intelligente, plus organisée. « Et mon nom est un rappel constant de l'impératif de toujours chercher à se dépasser. » Ces phénomènes qu'il combat — la mort et la vieillesse au premier chef — ne sont-ils pas simplement « naturels » ? La question le pique. « Ce n'est pas parce que les choses se sont toujours présentées de cette façon que cela les rend davantage acceptables. Vous dites que c'est "naturel". Je vous répondrai que tant de choses nous ont semblé naturelles dans le passé, comme avoir des esclaves, les violer et les tuer. » Au contraire, s'il y a une « nature » de l'homme, poursuit-il, elle est ailleurs : « Ce qui fait de nous des humains, c'est justement cette volonté intrinsèque de nous dépasser. » Devenir « plus » que ce que nous sommes, vouloir toujours plus. « Ne jamais se contenter, se satisfaire. » Reprenant une phrase d'un de ses textes, *On Becoming Posthuman*[10], More affirme : « L'humanité est une étape provisoire sur le chemin de l'évolution. Nous ne sommes pas le zénith du développement de la nature. »

Tom O. Morrow

Bien qu'aucune règle formelle ne force les Extropiens à se rebaptiser, l'acte procède donc bel et bien d'une volonté idéologique « d'autotransformation ». C'est peu après être débarqué en Californie, où il commençait sa nouvelle vie, que Max More a décidé de rejeter le nom d'O'Connor, à ses yeux une évocation de cette vieille Europe « stagnante » qu'il avait quittée.

Un autre fondateur de l'Institut de l'Extropy, Tom O. Morrow, avocat dans Silicone Valley, écrit sur son site Internet (où il remercie d'ailleurs More de l'avoir aidé à se renommer) :

« Je suis né avec un joli nom, mais parce que je ne l'ai pas choisi, il ne sert pas tellement à autre chose qu'à me distinguer des autres êtres humains[11]. » Morrow explique en plus que son initiale peut revêtir plusieurs significations dans le temps, au gré des transformations de son être. Tantôt « Oh » pour les périodes d'étonnement et de découverte. Tantôt « O » pour zéro, « le chiffre qui contient tous les autres », ou pour l'initiale d'« Omni », traduisant l'idée du tout. « Voilà comment j'entame ma transformation : en modifiant la manière dont les autres me conçoivent. » Les Extropiens « choisissent des noms descriptifs, un peu comme les Quakers, qui nomment leurs enfants Felicity ou Charity », expliquait Morrow au magazine *Wired* en 1994.

C'était l'époque des débuts. Max et Tom, jeunes intellectuels, fréquentaient l'université. L'Institut de l'Extropy s'apparentait principalement à un club de potaches futuristes qui venaient de découvrir les idées de la droite économique (ils proposaient entre autres de privatiser l'air et l'eau pour régler les problèmes écologiques). Ils organisaient des fêtes qualifiées d'« Extropaganza », très californiennes, auxquelles participaient des VEP (Very Extropian Persons) de la Silicone Valley naissante. Par exemple Romana Machado, programmatrice excentrique, ex-*playmate* et bisexuelle affirmée, à l'époque employée d'Apple. L'invitation à l'une des Extropaganza disait : « Apportez des jeux et des gadgets et veillez à avoir une attitude ludique. Il y a un bain tourbillon dans la maison, et pour l'utiliser, des vêtements seront nécessaires : on ne veut quand même pas choquer les voisins avec nos physiques transhumanistes[12] ! »

Les jeunes Extropiens ne faisaient pas que fêter, ils écrivaient beaucoup. Dans le journal « techno-utopiste » *Extropy*, distribué à partir de 1988 à une cinquantaine d'exemplaires seulement, Morrow s'amusait à produire de nombreux néologismes et imaginait avec Max des Extropolis (villes situées dans l'espace). À cinq ans, lorsqu'il avait vu Neil Armstrong marcher sur la Lune, Max avait eu un choc dont il ne s'est jamais remis : la technique pouvait nous amener où l'on voulait.

Ces deux athées aux réflexes révolutionnaires prirent position à l'époque sur la nécessité pour le monde occidental de se donner un nouveau mode de datation : pourquoi compter les années à partir de la naissance d'un personnage religieux, le Christ ? Pourquoi pas un moment fondateur « rationnel » : 1620, par exemple, année où Francis Bacon publiait *Novum Organum*, dans lequel le célèbre philosophe anglais jetait les bases de la méthode scientifique moderne ? Utopiste libertarien, Morrow échafauda une société où le droit serait produit de manière privée et il imagina Free Oceania (clin d'œil à *1984*, d'Orwell), une société extropienne construite sur un archipel d'îles artificielles flottant en haute mer.

Après ces débuts un peu fous et hédonistes, le groupe, raconte Max More, a davantage lié ses utopies aux développements de la science réelle, sans toutefois cesser de rêver ni de fêter. Il s'est par exemple concentré sur l'organisation de colloques annuels : Extro 1 (1994), 2 (1995), 3 (1997) et 4 (1999), où des scientifiques transhumanistes renommés vinrent souvent donner de la crédibilité à plusieurs de leurs prédictions sur la « superlongévité », l'immortalité et l'amplification du corps humain. Natasha se souvient par exemple que lors d'Extro 3 un expert en intelligence artificielle du MIT, Marvin Minsky, « profita de l'événement pour annoncer qu'il avait pris des arrangements pour être cryonisé. Il y eut un tonnerre d'applaudissements lorsqu'il reçut son bracelet Alcor des mains d'Eric Drexler ».

En 1997, le journal *Extropy* devint une publication exclusivement en ligne. Max estime qu'Internet a permis au mouvement de croître énormément et de rejoindre des transhumanistes partout dans le monde. Comme pour bien des petits courants de pensée et des « niches » intellectuelles, Internet a sans doute donné à l'Extropy une importance dont ses fondateurs n'auraient pu rêver à leurs débuts en 1988. « Dans le passé, les groupes d'avant-garde se rencontraient dans les pubs et les cafés pour discuter de théories philosophiques ou de problèmes plus triviaux », et c'est en solitaire qu'ils « peinaient sur leurs pamphlets ou romans », faisait remarquer Jim McClellan dans *The Observer* en 1995, lorsque le Net grand public n'en était qu'à ses débuts. De nos jours, ils se branchent au réseau des réseaux « où des gens du monde entier qui pensent comme eux peuvent se joindre à la fête. Et avant que vous ne vous en rendiez compte, vous avez un minimouvement[13] ».

Max présida l'Institut jusqu'en 2003. À partir de ce moment, Natasha en fut la présidente, ce qui permit à Max, qui demeura le *chair*, de se consacrer davantage à la « consultation auprès des firmes de technologie », métier à propos duquel il se montre peu loquace. Depuis la maladie de Natasha, l'Institut de l'Extropy — le « transhumanisme original », comme on s'en vante avec des accents publicitaires dans Extropy.org — n'a pas beaucoup d'activités, à part dans le Net. Certes, il a un conseil de direction et une assemblée de sages (dont font partie des scientifiques de renom tels Ray Kurzweil et Gregory Stock), mais l'essentiel gravite autour des deux travailleurs autonomes que sont Natasha et Max. Au début des années 1990, Max a organisé plusieurs grands colloques. Dans les années 2000, l'Institut privilégiait les « conférences » en ligne. En 2006, Max et Natasha décidèrent de fermer l'Institut tout en laissant ouvert l'essentiel : le site extropy.org

C'est en pleine époque de croissance, au milieu des années 1990, marquées par l'aube d'Internet, que Max a rencontré Natasha. Tous deux participaient à une soirée consacrée à la *Life extension*, l'allongement de l'espérance de vie. Le parcours de Natasha est celui d'une jeune artiste californienne issue d'un milieu aisé, passionnée de performances « d'avant-garde », de « manifestes fracassants », mais aussi de croissance personnelle, d'écologie (elle a déjà été candidate du Parti vert en Californie), de culturisme et de chirurgie plastique. De tempérament narcissique, Natasha aime bien — plus que son mari — faire l'objet de l'attention des journalistes. Devant un micro ou une caméra, elle expose avec détails et passion sa « vision », dont elle propose tout de suite une interprétation. Intarissable, poseuse et enjouée, elle explique qu'elle est à la fois une artiste, une designer et un « catalyseur culturel ». C'est le mot qu'a employé pour la décrire « son ami Timothy Leary », le prophète hippie, grand expérimentateur du LSD, avec lequel Natasha enregistra une grande interview sur vidéo en 1996.

Les « amis célèbres », Natasha aime bien les citer. Il y a d'abord le réalisateur Volker Schlöndorff (qui a réalisé *L'Honneur perdu de Katarina Blum* et *Le Tambour*), avec qui elle a eu une liaison dans les années 1980. Mais son amour le plus marquant avant Max fut sans doute le romancier futuriste FM-2030. *Pardon ?* Oui, raconte-t-elle d'une voix attendrie, c'est le nom étrange choisi par Fereidaoun M. Esfandiary. Né en Belgique en 1930, ce professeur de « philosophie futuriste » à UCLA[14] se choisit dans les années 1960 cette dénomination pour faire savoir qu'il allait vivre au moins cent ans, jusqu'en 2030. Fils d'un diplomate iranien, ayant vécu dans dix-sept pays avant d'atteindre l'âge de douze ans, FM-2030 se considérait comme un « citoyen de l'univers ». Il déclarait aussi : « Je suis un individu du XXIe siècle égaré accidentellement dans le XXe. J'ai beaucoup de nostalgie pour l'époque d'où je viens. »

Il avait un don pour les prédictions, raconte Natasha. Il fut l'un des premiers, dans les années 1960, à parler du transhumanisme comme on l'entend maintenant. Fascinée, Natasha raconte qu'avant 1980 FM-2030 avait décrit dans le détail comment on en viendrait à utiliser différentes technologies comme la thérapie génique, la modification génétique des plantes et des animaux, le clonage, la fécondation artificielle, et aussi la gestation artificielle, la téléconférence, la télémédecine… « Et il avait vu juste, car tout ça s'est réalisé depuis, au moins en partie », affirme-t-elle. Il s'est toutefois trompé pour ce qui est de sa propre mort, lui fais-je remarquer. Dans un texte, Natasha cite FM-2030 écrivant en 1989 : « Je n'ai pas d'âge. Je nais et renais chaque jour. J'entends vivre pour toujours. » Or FM mourut bien humainement, en 2000, d'un cancer du pancréas, non sans avoir maudit auparavant « la stupidité de cet organe[15] ». Enfin, « il n'est pas mort à proprement parler », corrige Natasha, il est en « suspension cryonique chez Alcor en Arizona ». Donc « seulement temporairement mort » ! Adepte du *name dropping*, Natasha reprend alors l'énumération de ses grandes influences : Simone de Beauvoir, Susan Sontag, à qui elle avait remis ses écrits lors d'une conférence à New York...

Évolution artistique

Le studio de Natasha reflète les différentes étapes de son évolution artistique, fortement traversée par les idées ultratechnophiles, l'exploration spatiale (« j'aimerais tant aller dans l'espace », dit-elle) et l'exaltation de la « créativité ». Je feuillette de nombreux catalogues de ses œuvres de tapisseries. Elle s'arrête longuement sur sa « toile » *The First Cell*, sorte de nébuleuse aux formes galactiques se présentant dans des tons dégradés métalliques, créée par ordinateur à l'aide du logiciel Photoshop et censée symboliser à la fois la « première cellule » et le « premier pixel ». S'exprimant comme un catalogue d'exposition, Natasha explique longuement le lien avec certaines autres de ses toiles, comme *DNA Breakout!*, et ses écrits, dont l'*Extropic Art Manifesto* où elle proclame : « Je suis l'architecte de mon existence. » Ce texte, raconte-t-elle, a été signé par le scientifique Verner Vinge et est devenu « en octobre 1997 le premier texte transhumaniste à avoir été envoyé dans l'espace, à bord du vaisseau Cassini-Huygens ».

L'idée d'être l'artiste de sa vie et de son corps traverse son « essai » *Create/Recreate : The 3rd Millennial Culture*, publié à compte d'auteur en 2001. C'est une sorte de *scrapbook*, d'album d'introduction au transhumanisme fait de collages, présentant aussi, précise-t-elle, « la pensée la plus évoluée du groupe » ainsi que « les principales manifestations artistiques » du « mouvement » de l'art extropien, dont elle est apparemment une des seules membres. Ah oui, elle a aussi fondé en 1983 l'organisme Transhumanist Arts & Culture.

Natasha s'anime particulièrement lorsqu'elle décrit sur les murs de son studio les reproductions géantes d'interviews qu'elle a accordées à différents magazines. En pointant un article intitulé « Ne mourez pas et restez belle », tiré de *Wired*[16], où on l'aperçoit à côté de la Française Jeanne Calment (morte à cent vingt-deux ans en 1997), elle lance avec fierté : « Ils m'ont interviewée au sujet du corps de l'avenir, et je leur ai expliqué que, selon moi, le corps deviendra bientôt une manifestation de la mode. J'y explique pourquoi le monde de la mode investira bientôt le corps humain et que l'on commencera à faire du corps un objet de design, une création artistique qui sera très intelligente. »

Le meilleur des corps

Ce « meilleur des corps » futur, elle lui a donné forme dans une « œuvre » exposée dans le Net[17] depuis 2000 (retouchée en 2003 et 2005) et qu'elle qualifie de « croisement entre Frank Lloyd Wright, Le Corbusier et Valentine », non sans autodérision. Le tout se présente comme la publicité d'un prototype de nouvelle enveloppe corporelle, le Primo 3M+. (Ce qui rappelle le travail de l'artiste Juan Le Parc, fort en simulacres[18].) « J'ai voulu que Primo soit un peu satirique. C'est pour ça que le ton rappelle une réclame pour une nouvelle automobile : "Le nouveau Primo vient de sortir !" », déclame-t-elle sur un ton publicitaire, en éclatant de rire. « Primo », en italien courant, ne veut pas simplement dire « un », c'est aussi l'équivalent de « génial ! », explique-t-elle en levant le pouce. Selon Natasha, « nous allons bientôt vivre très longtemps, plusieurs siècles, alors on ne pourra pas toujours habiter la même enveloppe. Il va nous falloir des nouveaux supercorps ». Et c'est précisément ce qu'est Primo. La compagnie imaginaire Ageless garantit la « performance », la fusion parfaite entre le corps et la technologie et « l'équilibre entre la logique et la passion ». Primo est donc un corps sans âge, qui obtient une mise à jour régulière, voire une amélioration continuelle, grâce à des « gènes et à des organes remplaçables ». Mais il se caractérise aussi par ses « multifonctions ».

- Des yeux dotés d'un *zoom* intégré qui permettent de voir la nuit et sur la rétine desquels on peut consulter des cartes géographiques.
- Un « métacerveau » superpuissant, à la mémoire amplifiée par les nanotechnologies.
- Un mécanisme qui enregistre constamment les dernières minutes de vie pour avoir le *instant replay,* une reprise instantanée, comme dans les matchs de football américain, en cas de différend : « Ainsi, plus de querelle... Ou au moins, on pourra toujours s'entendre sur ce qui a été dit. »
- Des yeux, une peau (ou plutôt une *smart skin,* une peau « intelligente » réagissant à la température ambiante) et des cheveux dont on peut choisir la couleur.
- Un moniteur mesurant le flux et les fonctions cardiaques.
- Une colonne vertébrale en fibre optique *in vivo,* faite pour la communication sans fil, permettant de maintenir Primo en lien constant avec les réseaux.

Chaque posthumain pourra choisir sa forme corporelle et certaines caractéristiques de son nouveau corps, tout comme le consommateur devant une nouvelle voiture. Et tout est certifié : ce qui est énuméré ici dans Primo va exister dans ce siècle, « j'ai vérifié chacune de ces propriétés auprès des autorités scientifiques qui m'ont dit que ce n'était qu'une question de temps avant la réalisation de ces inventions ».

Que faire ?

Malgré toutes ces perspectives, une question demeure : en attendant le grand soir où l'on pourra se procurer l'équivalent de Primo 3, que faire ? Max répond : « Dans la perspective extropienne, personne ne peut attendre que le futur vienne le sauver. Un Extropien ne s'assoit pas sur son divan pour regarder la télévision et manger des beignets toute la journée en disant : "Ah, la nanotechnologie va me sauver de toute façon." Non, il se lève et fait quelque chose. »

C'est-à-dire, tout d'abord, s'entraîner beaucoup. Natasha, qui précise qu'elle a « l'équivalent d'un corps de trente ans », présente dans le Net son programme d'entraînement détaillé. Et les suppléments ? Max explique qu'il a moins de quarante ans et qu'il ne prend donc pas de médicaments très sophistiqués. « Toutefois, je consomme un éventail assez large de suppléments vitaminiques personnalisés selon les besoins précis de mon corps. Pour le reste, je fais le nécessaire pour que mon corps soit bien nourri, bien exercé. Je suis attentif aussi aux nouvelles substances qui peuvent améliorer les performances de mon cerveau. Je suis assez prudent dans mes expériences. Mais je porte une attention particulière aux substances qui sont développées pour accroître l'attention, la conscience, et ainsi de suite. »

Natasha et Max fréquentent la clinique médicale Kronos, en Arizona[19], spécialisée dans l'*age management*, la gestion de l'âge. Là, tous leurs paramètres biochimiques personnels sont suivis : niveaux de toxines, épaisseur des os, niveaux d'hormones, etc. « Ensuite, les médecins vous rédigent une ordonnance précise pour les suppléments que vous devriez prendre. Ce sont des vitamines sur mesure. Ils vous conseillent sur la nutrition et tout ce qui peut aider. C'est un programme d'entretien contre le vieillissement. » Selon Natasha, « chaque métabolisme est différent », et il sera primordial à moyen terme que les vitamines et les médicaments soient faits sur mesure.

Et si la mort pointait sa faux, Natasha et Max ont un plan B :

la cryonie, évidemment. Max More rappelle avec fierté que lorsqu'il avait une vingtaine d'années il fut le premier Européen à prendre sa carte de l'Alcor Foundation, qui offre des services de cryonie en Arizona. Malgré toutes les promesses de résurrection, être « vitrifié » n'intéresse ni Max ni Natasha. C'est une sorte de pis-aller. « C'est pourquoi je ne veux pas mourir », dit Natasha. « Mais la cryonie est le meilleur filet de sûreté pour la superlongévité. C'est la seule option que nous ayons, les autres scénarios étant être dévoré par les insectes ou être carbonisé par une flamme. Enterrement ou crémation. Bref, je préfère la cryonie, être vitrifiée dans l'azote liquide, plutôt que de voir mon ADN complètement brûlé ou mangé par les vers. »

Comme pour FM-2030, le « forfait Alcor » choisi par Natasha et Max, en cas de décès, est de préserver seulement leur tête. Macabre, non ? Max sourit. Dans les fêtes extropiennes, jadis, certaines militantes se dessinaient même des pointillés sur la nuque, au-dessus desquels elles faisaient écrire « Coupez ici ».

TROISIÈME PARTIE

Le pour et le contre

Deux interviews, en guise de fin ouverte, avec deux personnages que nous avons croisés dans les chapitres précédents. La première avec le transhumaniste « en chef », le Suédois Nick Bostrom, jeune philosophe hyperactif à l'Université d'Oxford. La seconde avec Leon Kass, le bioéthicien américain néoconservateur. Il a été l'un des premiers penseurs, aux États-Unis, à développer une argumentation étoffée contre les tentations posthumanistes.

CHAPITRE PREMIER

Entretien avec Nick Bostrom, le transhumaniste en chef

Toronto, août 2004, tôt en soirée. Un restaurant style pub, sis dans une maison victorienne de brique rouge. L'endroit est rempli de participants du colloque TV04. Grand et maigre, Nick Bostrom porte un veston de tweed. Il se mêle davantage aux *nerds* de l'informatique présents au congrès qu'à l'autre groupe, les adeptes du *piercing* extrême et de la modification corporelle. Dans un café Starbucks, plus tôt dans la journée, après s'être commandé un quadruple espresso, il m'avait expliqué que ce gobelet de styro-mousse contenait l'exacte quantité de caféine dont il avait besoin pour passer l'après-midi. On raconte que jadis Bostrom a tenté sa chance comme *stand-up comic*, mais il se fait plutôt sérieux et peu passionné lorsqu'il parle (en anglais), avec son lourd accent suédois, de posthumanité ou de ses autres sujets de prédilection : la vie extraterrestre et la « *singularity* ».

* * *

Je vous ai posé cette question plus tôt aujourd'hui et j'aimerais avoir une réponse plus étoffée : qu'est-ce que « meilleur » signifie dans les expressions que votre organisation (WTA) utilise, comme « meilleurs humains », « meilleure vie » ?

Ça signifie que les gens auront la chance de vivre la vie qu'ils désirent, à laquelle ils aspirent. Nous ne sommes plus contraints d'accepter ce que la nature nous a donné, nous ne sommes plus obligés d'accepter de mourir après quelques décennies sur terre ou d'être vaincus par le cancer avant cela. Cela signifie aussi que nous ne sommes plus limités dans nos capacités mentales, nous ne sommes plus troublés par des changements d'humeur pour des raisons chimiques. Bref, « meilleur » signifie avoir plus de contrôle sur notre propre vie, en être totalement maître et pouvoir développer le type d'idéal que nous souhaitons. Évidemment, ces idéaux, dans un monde posthumaniste, varieraient d'un individu à l'autre. Les transhumanistes veulent que chacun puisse faire ses choix lui-même. En ce sens, donc, la signification de l'adjectif « meilleur » différera de l'un à l'autre.

Ne peut-on pas atteindre le « meilleur » que vous évoquez par le truchement de la philosophie, du savoir, de l'éducation ? Par des changements sociaux ? Avez-vous vraiment besoin de la technologie ?

Oh oui, inévitablement. Le « meilleur » qu'on peut atteindre par la connaissance comporte d'importantes limites. Par exemple, on ne peut certainement pas mettre fin au vieillissement en réfléchissant simplement à la question. Libre à vous, par exemple, de vous convaincre qu'en définitive c'est une bonne chose de ne pas mourir. Mais le résultat, c'est que vous allez mourir quand même après soixante-dix ou quatre-vingts ans, ou même avant. Si vous voulez vraiment découvrir le type de maturité ou de sagesse à laquelle on peut aspirer après quelques centaines d'années d'existence, vous ne pouvez pas éviter d'en passer par la biochimie. Il n'est pas suffisant de « réfléchir » à ce que votre pensée serait après deux cents ans de vie. Et en ce qui a trait à la pensée elle-même, tout comme certains concepts humains sont inaccessibles aux chimpanzés, aux chiens ou aux lapins, parce que leur petit cerveau ne suffit pas à la tâche, de même, nous devons supposer qu'il y a des concepts, des idées et des pensées qui sont tout simplement trop complexes pour notre cerveau humain.

Bref, nous sommes pour les posthumains à venir ce que le chimpanzé est pour nous ?

Un peu. Certes, nous sommes des agents moraux, nous avons un statut moral. S'il y a un jour des posthumains, nous détiendrons toujours ce statut moral. Il y aura une dignité posthumaine. Il y a là, entre les animaux et nous, une différence irréductible, qui est liée au statut moral. En revanche, pour les posthumains à venir, nous sommes effectivement des chimpanzés, dans le sens où il y a effectivement des choses, des idées, des concepts qui leur seront accessibles et pas à nous. Tout comme il y a des choses qui sont à notre portée, mais pas à celle des chimpanzés. En cheminant graduellement vers une condition posthumaine — bien que ce soit là, selon moi, un vocable qui prête à confusion — certaines des options qui n'étaient pas accessibles aux humains le deviendront peut-être.

Donnez-moi un exemple.

Une compréhension meilleure. Lire toute la littérature produite dans le monde actuel. Il n'y a pas assez de temps pour faire cela dans la durée, même maximale, d'une existence humaine. Pensons à toutes ces choses qui pourraient être accomplies et qui sont impensables actuellement, qu'on ne peut même pas imaginer. Aux livres qui n'ont pas été écrits, aux idées qu'on ne peut produire actuellement tout simplement parce que nous ne sommes pas assez intelligents. Ou encore : prenez la vie humaine dans ce qu'elle a de meilleur. Pensez à ces moments où vous vous sentez extrêmement bien : l'extase de l'amour romantique, par exemple ; ou encore, lorsque vous êtes en pleine création littéraire et que les pensées circulent rapidement dans votre esprit. Durant ces moments, vous vous demandez : mais pourquoi cela ne peut-il pas durer éternellement ? Pourquoi toutes ces bonnes choses doivent-elles avoir une fin, nous demandons-nous, surtout lorsque nous sommes contraints de retourner à la grisaille du quotidien. Si bien que, même dans les limites de ce que nous connaissons, dans les limites humaines, il y a des périodes de vie et des états d'être qui sont fabuleux. Si nous pouvions toujours être dans ces états, si nous pouvions faire en sorte qu'ils durent, ce serait un grand pas en avant. Et au-delà des périodes d'extase bien humaines que nous expérimentons, on peut facilement présumer qu'il y en aurait d'autres supérieures encore, que nous ne pouvons même pas imaginer dans notre état actuel.

Bill McKibben, dans son livre Enough, *utilise un argument intéressant. Il dit que ce type d'extase, par exemple, ce sentiment de bien-être ou d'accomplissement, vous l'obtenez principalement après y avoir travaillé de façon inlassable. Il se penche sur l'expérience du marathon, par exemple. McKibben est un coureur de marathon. Lorsqu'on termine ses 42 km, dit-il, on est exténué, mais on peut atteindre un bien-être rare. Le transhumanisme, dit-il, veut abolir ce sentiment de la limite surmontée à force d'effort et abolira par le fait même ces états de satisfaction formidables.*

Je connais bien les critiques de McKibben. Mais il se trompe sur l'objectif du transhumanisme, qui n'est pas d'abolir toutes limites mais plutôt de faire en sorte que l'on puisse choisir ses limites. Que l'on puisse choisir les contraintes qui nous limiteront. Le marathon est un bon exemple. Certes, nous ne sommes pas obligés de courir quarante kilomètres par jour. Nous pouvons tout simplement prendre le bus. Or, il fut une époque où nous n'avions à peu près pas ce choix. Aujourd'hui, on peut choisir de faire des marathons. Songeons à certaines autres limites auxquelles nous sommes soumis. Notre espérance de vie, par exemple : nous n'avons pas le choix, car nous attrapons le cancer ou nous développons des maladies du cœur, ou le diabète, ou alors nous avons une attaque cérébrale.

Dans le monde idéal du transhumanisme, un monde qu'on devrait s'efforcer de créer, la mort serait volontaire. Si vous pensez que vous avez assez vécu, que vous avez apporté au monde ce que vous aviez à y apporter, que vous avez atteint vos objectifs et qu'il n'y a plus de raison de vivre, vous aurez évidemment le choix d'arrêter de prendre des suppléments de vie ou d'utiliser quelque autre technique pour rester en vie. En revanche, si vous croyez qu'il serait peut-être bon de vivre encore et de voir ce que la vie peut encore apporter, les options resteraient ouvertes.

Cet après-midi, dans un atelier sur l'écriture de livres transhumanistes, j'écoutais des auteurs parler de leur livre sur la posthumanité et de la grande épreuve que cela a représenté pour eux. Ils disaient tous que ce fut une expérience difficile, mais qu'au fond c'est parmi les meilleures choses qu'ils ont faites. Je me demande s'il y aura une méthode transhumaniste qui vous permettra d'écrire des livres sans ressentir cette douleur, et sans éprouver la satisfaction qui, selon eux, s'ensuit.

Aujourd'hui, les riches peuvent embaucher quelqu'un pour écrire le livre. Dans l'avenir, vous pourrez demander à votre unité d'intelligence artificielle d'écrire le livre pour vous. Voilà tout.

Mais ce ne serait pas ma propre création.

Je sais, mais si c'est l'expérience d'écrire un livre qui vous importe plus que le livre en soi, eh bien, vous pourrez toujours l'écrire vous-même. Vous aurez le choix. Aujourd'hui, pour aller au sommet d'une montagne, vous pouvez prendre un hélicoptère. Mais vous pouvez aussi choisir de l'escalader pour le plaisir de l'effort, de l'exercice, de l'expérience. Comme vous avez le choix dans de nombreux autres domaines. Il vous est possible, si ça vous chante, de vous promener sur un terrain de golf, de prendre les balles dans votre main pour ensuite aller les mettre dans les trous directement. Mais la plupart d'entre nous trouvons beaucoup plus agréable de se soumettre aux contraintes et limites du jeu. Je crois qu'il y a toutes sortes de limites intéressantes et créatives que nous pouvons créer pour nous-mêmes plutôt que d'accepter de se soumettre aux vieilles contraintes imposées.

Mais il y a une autre réponse que l'on peut faire à McKibben : le plaisir qu'il éprouve après avoir couru un marathon a une cause biochimique. Ce sont probablement les endorphines qui sont sécrétées après que le corps a fourni ce type d'effort. Ce qu'il célèbre donc, c'est une sorte de dépendance envers une drogue. Les gens peuvent devenir dépendants de la course de la même façon qu'ils le sont de substances comme l'opium, par exemple. Et il serait intéressant de pouvoir obtenir ce même effet sans avoir à courir deux heures par jour. Et si une personne obtenait le même effet en s'administrant directement des endorphines plutôt qu'en courant, comment réagirions-nous ? Bref, ces états dont je parlais tout à l'heure, on pourrait y accéder sans se déplacer. Mais dans le futur, si vous le désirez, vous pourrez toujours et encore obtenir cela à l'ancienne, c'est-à-dire en faisant cet exercice qui vous procure tant de plaisir.

Mais ne peut-on pas davantage « grandir », ne peut-on pas devenir meilleur, d'une façon qu'on ne peut même prévoir, en faisant l'effort de courir… ou en se « déplaçant », comme vous dites ?

Oui, c'est parfois vrai. Et parfois, ce n'est pas vrai. Car vous pouvez avoir une attaque cérébrale qui effacera alors tout accomplissement, qui mettra fin à toute autre possibilité d'expérimenter quoi que ce soit, et *a fortiori* celle de grandir davantage. Dans le monde actuel, on doit se dépasser pour grandir. Mais qui vous dit que dans un monde très développé technologiquement il n'y aura pas de plus grands défis encore? Prenons les mathématiques. Il y a certains calculs que vous pouvez faire très facilement aujourd'hui; vous n'avez qu'à entrer les chiffres dans votre calculatrice. Mais cela n'abolit pas tous les défis en mathématiques. Ça ouvre simplement la voie vers des calculs plus complexes encore. C'est donc là une partie de la réponse : les défis deviennent plus complexes et plus grands qu'avant; ils ne sont pas abolis. Une autre partie de la réponse, à plus long terme encore, c'est que nous aurons besoin, tous et chacun d'entre nous, de choisir et de sélectionner les défis que nous souhaitons relever. Et ça reviendra passablement à ce qui est à la racine du sport et des jeux en général : nous établissons arbitrairement les règles et les limites plutôt que d'accepter celles qui nous sont imposées par la nature. Et nous en retirons beaucoup de plaisir.

Deux types d'améliorations

Plusieurs scientifiques aujourd'hui parlent de la possibilité, dans un futur proche, du dopage génétique. Croyez-vous que ce serait une « amélioration » de l'humain qui pourrait devenir juste et équitable ?

Le sport est un exemple très trompeur lorsqu'il s'agit de mesurer l'aspect moral de l'amélioration de l'humain. Parce qu'en vous dopant, l'avantage que vous recherchez dans les sports en est un de type « positionnel ». Vous vous dopez parce que cela vous permet de l'emporter sur les autres. Vous gagnez au jeu de la comparaison. Faire en sorte que les gens soient un peu plus grands, un peu plus rapides et un peu plus beaux n'engendrera peut-être pas un bénéfice net pour la collectivité, puisque ces améliorations impliqueront qu'une autre personne perdra au change. C'est ce qu'on appelle des biens « positionnels ». On ne peut fournir d'argument moral pour promouvoir ces améliorations positionnelles, car ce ne sont que des améliorations comparatives. Ce n'est peut-être pas une raison pour les bannir non plus, mais il n'est certainement pas nécessaire de leur consacrer une grande quantité de ressources. Chose certaine, ces améliorations diffèrent de celles d'une autre catégorie, celle des « bienfaits intrinsèques ». Par exemple : la santé. Si vous êtes en meilleure santé qu'un grand nombre de personnes autour de vous, rien n'y fait, tout le monde s'en trouve mieux. Vous n'êtes pas malade si certains de vos compatriotes sont mieux portants. Vous pouvez même en bénéficier parce qu'ils transmettront peut-être moins de maladies infectieuses. Il en va de même pour le bien-être émotionnel : c'est une chose dont nous pouvons tous profiter.

Mais dans la réalité, n'est-il pas bien difficile de distinguer entre ce que vous appelez les améliorations positionnelles et les autres, les bienfaits intrinsèques ?

C'est juste. L'amélioration de l'intelligence, par exemple, recouvre les deux. D'une part, elle peut vous permettre d'accéder aux meilleures écoles, aux dépens d'autres personnes à l'intelligence « normale ». Mais il faut voir que ce type d'amélioration contient aussi des bienfaits intrinsèques. Il sera déterminant pour tout individu de pouvoir apprécier la grande littérature. Alors je crois que certaines améliorations comportent à la fois des aspects positionnels et des aspects intrinsèques. Mais l'urgence éthique, c'est d'étudier les améliorations qui ont des bénéfices intrinsèques ou qui ont des externalités positives claires pouvant bénéficier à d'autres personnes ; ce n'est pas de s'intéresser aux améliorations dont les bénéfices sont purement « positionnels », comme celles qu'on envisage dans les sports.

Diriez-vous que vous êtes un matérialiste radical ?

Non.

Je vous pose cette question parce que les transhumanistes laissent toujours entendre que nous sommes des machines, que nous sommes la somme des réactions biochimiques qui composent notre corps : la dopamine, la sérotonine, etc.

C'est une fausse dichotomie de présenter les choses ainsi et d'opposer, d'une part, les améliorations provenant de l'éducation, de la stimulation des enfants dans leurs premières années de vie, ou de la pensée critique, et, d'autre part, ces autres moyens qu'on pourrait qualifier de stimulation par les drogues. Il faut plutôt voir que ce sont différents moyens pour atteindre les mêmes fins. Rien ne nous oblige à choisir une chose ou l'autre. En combinant les deux, au contraire, on peut aller encore plus loin, par exemple dans l'esprit critique. Et nous pouvons éliminer les préjugés et stimuler les jeunes enfants. Prendre une drogue qui améliore la mémoire peut se faire conjointement avec des efforts d'éducation. Ainsi, la substance peut vous aider à maximiser les efforts que vous déployez en éducation, en stimulation.

Est-ce que la technologie nous aide à coup sûr ? Ne peut-elle pas nuire, créer de nouveaux problèmes ? Platon n'avait pas d'ordinateur et a écrit des choses qui sont toujours vraies aujourd'hui. Ne pouvons-nous pas, sans la technologie, devenir excellents ?

Oui, bien sûr. Plusieurs personnes arrivent à avoir une vie formidable avec ce que la nature leur donne. Les transhumanistes croient même que la vie humaine, à son meilleur, peut être formidable. Ce que nous disons, c'est qu'il est possible de faire en sorte qu'elle soit meilleure encore. Ou en amélioration constante. Nous refusons de croire que nous sommes ce qu'il y a de mieux, que nous sommes une sorte d'aboutissement. Une création indépassable.

Votre conférence de demain portera sur « la question du "Pourquoi" » : pourquoi souhaiter que l'humanité passe à un autre stade. Pouvez-vous expliquer un peu ?

Je tente de formuler différentes façons d'expliquer pourquoi, en définitive, il est nécessaire de se diriger vers la posthumanité. Plusieurs personnes dans la communauté transhumaniste estiment que la réponse va de soi. Elles le sentent dans leurs tripes et omettent souvent d'expliquer pourquoi. Mais plusieurs personnes à l'extérieur de nos groupes ne partagent pas ce sentiment. Il est important de tenter d'expliquer le plus clairement possible pourquoi, en définitive, il est important de passer à cette nouvelle étape de l'évolution. Bref, pourquoi il vaut la peine d'améliorer les capacités humaines. Il faut aussi formuler nos valeurs de base. Il faut expliquer qu'il ne s'agit pas de vouer un culte à la technologie ou d'obéir à quelque flèche mystique pointant vers le futur, mais qu'il s'agit de définir des manières par lesquelles les êtres humains auront une meilleure vie. La technologie n'est qu'un outil pour la poursuite de cet objectif. L'humanité ne doit pas servir la technologie ou obéir à quelque impératif technologique. Il s'agit de permettre à des gens comme vous et moi, des gens du tiers-monde aussi, bref, tous les *sapiens*, de pouvoir vivre leur vie plus pleinement encore que celle que nous avons présentement.

Mais justement, que pensez-vous de la « singularité » ? Quelle est votre position sur cet étrange scénario qui fait l'objet de toutes sortes de conjectures ?

L'hypothèse de la « singularité » est qu'il y aura un moment dans le futur où le progrès et le développement technologique deviendront extrêmement rapides, et cela découlera de l'émergence d'une intelligence artificielle qui dépassera celle des humains et qui s'améliorera elle-même. Est-ce un scénario juste ou non ? Personne n'a de réponse définitive à cette question. Il se pourrait qu'il y ait toujours un développement technologique graduel. Ou alors que les êtres humains disparaissent, que notre race s'éteigne auparavant. Mais il y a selon moi une réelle possibilité que l'on atteigne ce moment où le progrès deviendra extrêmement rapide, et cela pourrait arriver du jour au lendemain. En nous couchant un soir, l'intelligence artificielle [celle des ordinateurs interreliés] serait légèrement moins puissante que la nôtre, et le lendemain matin, on serait placé devant une intelligence radicalement supérieure. Je crois que cela est possible, qu'à un certain moment dans le futur, il pourrait y avoir cette phase de progrès foudroyant. Ça pourrait se produire dans vingt ans ou dans cinquante, soixante-dix ans. Qui sait ? Et cela pourrait même ne jamais se produire. Mais je crois qu'il y a pas mal de chances pour qu'un jour nous vivions ce type d'instant charnière. On ne peut selon moi rejeter ce scénario du revers de la main.

Le meilleur des mondes

Que répondez-vous à ceux qui prétendent que vous êtes en train de préparer un monde comme celui décrit par Aldous Huxley, un « meilleur des mondes » où les gens prennent des équivalents du Soma, où ils sont programmés à la naissance, où les gens sont heureux, mais d'un bonheur superficiel, factice ?

Le Meilleur des mondes, ce n'est pas le roman sur un projet d'amélioration de l'humanité qui aurait dérapé. Car, d'abord, la plupart de ses habitants n'y sont pas améliorés, mais diminués par la technologie. Au stade embryonnaire, par injection d'alcool, on leur a causé volontairement des dommages au cerveau.

Mais les membres de la caste des alpha sont améliorés, non ?

En effet, légèrement. Mais tous les autres individus sont diminués tant sur le plan de leur intelligence que sur celui de leur éducation, qu'on devrait du reste appeler « endoctrinement ». Et cette idéologie centrale limite leurs capacités à apprendre, à croître, à progresser. La structure sociale est fixe et n'admet aucun changement. Leur société stagne, on leur interdit de chercher la vérité, de créer. Les arts y sont morts. La technologie, ici, n'a aucunement été utilisée pour améliorer ou augmenter les potentialités humaines, mais pour les restreindre, pour mettre un couvercle dessus. En d'autres termes, c'est pour moi un récit, une dystopie [c'est-à-dire l'inverse d'une utopie : on s'efforce d'imaginer le pire des mondes] qui va totalement à l'encontre de la philosophie du transhumanisme. Car la croissance et le progrès individuels y sont prohibés, restreints.

D'une manière plus large, je crois qu'il est très important d'étudier ces entre-deux, ces situations mitoyennes où l'on utilise la technologie pour effectuer quelque chose qui semble, à l'origine, être une bonne idée, mais qui vous conduit à un résultat que vous ne souhaitiez pas. Ainsi vous vous retrouvez dans une situation où votre vie est très confortable et insouciante, mais où vous avez perdu les valeurs fondamentales qui importent. Voilà pourquoi il est important non seulement de songer aux étapes qui viennent, mais aussi, dans une perspective plus large, de se donner les visions de l'avenir, de nos valeurs et de nos idéaux futurs. Et c'est exactement ce que les transhumanistes tentent de faire. Ils ne se penchent pas seulement sur la législation qui vient d'être votée à propos des cellules souches, par exemple, mais tentent de définir dans quel type de monde, en définitive, ils voudraient aboutir. Ils se demandent constamment : quelles sont les possibilités d'avenir réelles et optimistes vers lesquelles nous pourrions aller ? C'est là une recherche éthique très profonde et importante, dans laquelle nous nous sommes engagés.

Mais il y a des batailles à court terme que vous avez décidé de mener, vous avez mentionné les recherches sur les cellules souches...

C'est évident. Mais il est important de garder ouverte la discussion à propos des différentes visions que nous avons et d'en débattre en se demandant vers où nous souhaiterions que l'humanité s'oriente. Nous devons tenter de créer, pour l'instant dans notre imagination, des possibles vers lesquels nous souhaitons tendre.

Au fait, avez-vous entendu parler de cette loi canadienne qui vient d'être promulguée et qui prohibe le clonage tant thérapeutique que reproductif ?

Vous m'apprenez son existence. Je crois que la prohibition du clonage reproductif est tout à fait sensée pour l'instant car celui-ci s'appuie sur des méthodes dangereuses et irresponsables. Les méthodes ne sont pas sécuritaires actuellement. Seuls certains cinglés ont entrepris de faire une telle chose. Toutefois, le cas du clonage thérapeutique diffère fondamentalement. C'est une tragédie que cette voie prometteuse pour traiter de manière sécuritaire des individus ayant eu des attaques cérébrales sévères ou qui sont atteints du parkinson soit exclue parce que les dirigeants confondent ce type de recherche avec le clonage reproductif. Je crois que nous devons informer les populations pour qu'elles comprennent qu'on peut obtenir des avantages médicaux sans pour autant favoriser les savants fous irresponsables tentant de créer des clones humains.

La Grande-Bretagne, par exemple, a intégré dans ses lois cette distinction entre clonage reproductif et clonage thérapeutique en prohibant le premier mais en soulignant le potentiel inouï du second.

CHAPITRE 2

Entretien avec Leon Kass, l'antiposthumaniste

Leon Kass joue le rôle du « méchant bioconservateur » dénoncé constamment par les militants et penseurs posthumanistes. Ce médecin et biochimiste de l'Université de Chicago s'oppose depuis les années 1960 au clonage humain. Il s'est employé, ces dernières décennies, à définir une bioéthique « riche », c'est-à-dire qui ne se borne pas à des cas particuliers mais qui tente de penser plus globalement les rapports entre progrès humains et progrès techniques. À l'automne 2003, le President's Council on Bioethics qu'il présidait a publié *Beyond Therapy*, un rapport qui constitue un des plaidoyers les plus complets et les plus forts contre les utopies biotechnologiques posthumanistes. Pour Kass, les techniques risquent de satisfaire partiellement et superficiellement les désirs d'absolu et de transcendance propres à la nature humaine. Bien que nous ne soyons pas encore des post-humains, Kass met en relief certains aspects de nos sociétés développées qui nous forcent à conclure que cette transformation est déjà bien engagée[1].

* * *

Vous savez que les posthumanistes radicaux, les Extropiens, ont tenu un « sommet en ligne » en février 2004 pour répliquer à votre rapport Beyond Therapy.

J'ai vu leur site Internet, en effet. Je trouve toute cette affaire assez comique, au fond.

Peut-être, mais j'ai suivi l'événement et il y avait là des porte-parole de taille : le philosophe militant Max More, ainsi que les prophètes de l'intelligence artificielle Ray Kurzweil et Hans Moravec. S'est joint à ce groupe, entre autres, Gregory Stock, ce chercheur de UCLA qui plaide pour que les parents puissent, dès que ce sera possible, choisir les gènes de leurs enfants. Ils se sont juré de combattre les idées que vous présentez dans votre rapport. Que pensez-vous de ce mouvement ?

Il n'a pas grande importance aux États-Unis, du moins pour le moment. À part dans les médias, évidemment, puisque ces derniers s'intéressent à quiconque a des idées jusqu'au-boutistes. Il a donc plus d'attention qu'il n'a d'influence, à mon sens. On entend occasionnellement parler de lui parce que ses propos sont sensationnalistes. Mais en dehors des cercles intellectuels, je ne crois pas que, comme courant d'idées, il ait une quelconque importance dans la société américaine ; pour l'instant du moins. La plupart des gens, et je dirais même la plupart des scientifiques, sont — jusqu'à maintenant — intéressés d'abord à promouvoir la santé et à combattre la souffrance. Il y a certes quelques exceptions, mais la plupart ne cherchent pas à « améliorer la nature humaine » ou à changer la condition humaine. Ils laissent ça aux gens qui évoluent dans les domaines de la science-fiction, ainsi qu'à certains « immortalistes ».

Des désirs éternels

Si ce n'est pas un mouvement important, pourquoi donc avez-vous produit un rapport sur ces possibilités de dépassement de l'humain, précisément sur les scénarios que les posthumanistes exaltent ?

Je crois que d'avoir un corps sans âge, un état d'esprit heureux, sans tension, ou encore de mettre au monde des « enfants améliorés », ou d'atteindre des performances supérieures, cela fait partie des désirs humains éternels. Au fond, vous n'avez pas à adhérer au transhumanisme ou au posthumanisme pour vous intéresser à ces projets. Ces désirs sont déjà à la base de bien des motivations humaines très importantes. Bien orientées, elles peuvent nous amener à poursuivre des buts excellents. La nouveauté, à notre époque, c'est que certains de ces objectifs pourront bientôt être atteints grâce à de nouvelles technologies. Or, celles-ci ont été développées non pas dans le but d'améliorer les gens, mais bien de les soigner lorsque c'était nécessaire. Pensons à l'EPO, l'érythropoïétine, qui permet de soigner l'anémie mais qui est largement utilisée par les athlètes aujourd'hui. Même dans les cas où elles ne sont pas encore au point, on rêve d'utiliser ces techniques pour combler les désirs humains éternels dont je parlais plus tôt.

Alors il faut s'interroger : ces moyens, différents de ceux d'antan, serviront-ils à satisfaire les besoins des gens ? Il est très possible selon moi que leurs utilisateurs prennent conscience à un certain moment qu'ils obtiennent effectivement ce qu'ils voulaient — une vie plus longue, etc. — mais que ce n'était finalement pas exactement ce qu'ils désiraient. Autre possibilité : que les humains qui s'engageront dans cette voie s'en trouvent tellement transformés qu'ils finissent par accepter une version très superficielle des objectifs éternels de dépassement dont j'ai parlé. Il faudrait alors constater que ces grands objectifs ont cessé d'inspirer des visées plus hautes. L'utilisation grandissante des drogues psychotropes, par exemple, fait que ces questions commencent à s'imposer.

Ainsi, la grande contribution de notre rapport me semble être la suivante : pour la première fois, ces questions sont posées sur la place publique. Dans les dernières décennies, certains professeurs dans le domaine de la bioéthique en avaient traité, mais personne n'avait vraiment attiré l'attention du public sur les aspects profonds et cruciaux des nouvelles biotechnologies.

La modernité attise

Un corps sans âge, un esprit heureux, de meilleurs enfants : quelles sont les véritables racines de ces désirs éternels ? Sont-elles modernes ? Ou purement capitalistes, comme plusieurs militants anti-OGM l'affirment ? Ou alors découlent-elles seulement des désirs humains éternels, que nous retrouvons déjà dans les mythes grecs ? Mon problème est le suivant : ces désirs ne peuvent être irréductiblement modernes et en même temps antiques !

Question difficile ! Je ne suis pas certain d'en connaître la réponse. Disons qu'il y a certains aspects de ces désirs qui prennent racine dans la nature humaine. Je l'ai dit plus tôt : la volonté d'exceller, d'être le premier, a de tout temps existé. La quête de gloire et, dans les mythes grecs, la quête de l'immortalité étaient soutenues par le fait que dans la mythologie il y avait au moins un être humain, Hercule, qui s'était hissé au rang des dieux. L'idée de devenir « plus qu'un homme » recevait ainsi une onction religieuse. Donc, la volonté de ne pas mourir, de ne pas vieillir, d'être meilleur que son prochain, de ne pas éprouver d'insatisfactions, d'éliminer les soucis, de se maintenir dans un état d'enthousiasme, de s'assurer que ses enfants aient du succès : tout cela fait partie de nous depuis très longtemps. Non seulement en Occident, mais aussi dans bien d'autres cultures.

Seulement, ces désirs ont été grandement attisés par la modernité. Pour la première fois, on a voulu enrôler le savoir pour qu'il nous procure le pouvoir de combler totalement nos désirs. Il y a bien dans l'Antiquité des matérialistes qui croyaient que l'âme ne survit pas après la fin du corps. Mais ils ne réclamaient pas pour autant que l'on devienne « maître et possesseur de la nature ». Pensons à Lucrèce : il ne prescrit pas une telle maîtrise parce qu'il a compris que de s'engager dans cette voie ne sert à rien, puisque l'humain ne sera jamais totalement comblé de toute manière : ses désirs n'ont pas de fin. Ils forment une spirale qui croît sans cesse. On en veut toujours plus. Dans *Beyond Therapy*, nous citons d'ailleurs ce passage célèbre de la seconde partie du *Discours sur l'origine des inégalités* de Rousseau : « Ce fut là le premier joug qu'ils s'imposèrent sans y songer, et la première source de maux qu'ils préparèrent à leurs descendants ; car outre qu'ils continuèrent ainsi à s'amollir le corps et l'esprit, ces commodités ayant par l'habitude perdu presque tout leur agrément, et étant en même temps dégénérées en de vrais besoins, la privation en devint beaucoup plus cruelle que la possession n'en était douce, et l'on était malheureux de les perdre, sans être heureux de les posséder. »

Ce phénomène me semble totalement ancré en nous : nous ne sommes jamais satisfaits. Par conséquent, si vous vous engagez dans cette voie de la maîtrise de la nature et de la fortune afin de satisfaire des désirs humains insatiables, qu'êtes-vous en train de faire ? Vous créez simplement de nouveaux désirs pour remplacer les anciens et vous prenez ainsi le risque que l'appétit croisse sans cesse. Puisque vous avez constamment ce type d'illusion que la prochaine innovation sera enfin celle qui vous satisfera pleinement, vous vous trouvez encore plus insatisfait de votre sort que ceux qui n'ont jamais eu que très peu de satisfactions.

Bref, la modernité a accentué nos antiques désirs et a alimenté d'autant plus notre volonté d'y accéder. Elle nous a convaincus que c'est par la technologie que les aspirations les plus profondes de la condition humaine pouvaient être réalisées.

Cela pourrait en fait engendrer un monde où nous serions encore moins satisfaits que nos ancêtres de ce que nous possédons; lesquels pourtant ont eu beaucoup moins de chance que nous.

Mais je le répète, c'est une question très complexe. Car il faut aussi dire que notre espèce a grandement profité du projet moderne. Avant le XXe siècle, la vie humaine était impossible. Pour la vaste majorité des humains, comme le disait mon ami le sociologue Morris Janowitz, s'inspirant de Hobbes, c'était « le labeur sans fin, le tourment et une mort hâtive ». C'est ce qu'il rappelait à toute personne qui se plaignait de la modernité et de la technologie. Il insistait sur le fait que dans l'ère prémoderne la mortalité infantile pouvait emporter la moitié de vos enfants et que les femmes mouraient en couche. Bref, ce n'est pas simple.

Vous parlez de nos ancêtres qui ont eu moins de chance que nous : peut-on dire que, à l'époque, la force de la religion leur permettait de voir et d'accepter les limites de la condition humaine ? Il semble bien qu'aujourd'hui la religion soit inopérante sur ce plan.

Je ne dirais pas les choses ainsi. Je crois qu'il faut plutôt souligner le fait que plus la maîtrise humaine s'est affirmée, plus nous avons cru que tous nos désirs profonds pourraient être comblés grâce à cette maîtrise. Reste qu'on ne peut nier que, dans les pays prospères, l'incidence du stress, de la dépression nerveuse, de la tristesse et de la maladie mentale est pour le moins étonnante, compte tenu des grands bienfaits de la vie moderne, lesquels sont précisément censés nous rendre plus heureux et plus comblés. Il y a ici quelque chose qui relève de la tragédie au sens littéral : les bienfaits que vous recherchez contiennent en eux-mêmes le germe des maux qui sapent ces mêmes bienfaits. Nous obtenons précisément ce que nous avions désiré, mais pour nous rendre compte par la suite que cela ne nous procure pas le bonheur que nous escomptions.

Malheureux en raison de nos propres choix

Vous croyez donc que l'on se dirige vers un « meilleur des mondes ». C'est du moins ce que vous avez écrit dans Life, Liberty and the Defense of Dignity[2].

En fait, je suis inquiet. Nous croyons, pour la plupart, que les technologies sont simplement neutres, que nous pouvons en faire de bons et de mauvais usages. Ce qu'il faut craindre par-dessus tout, toujours selon nos croyances, c'est qu'elles soient utilisées par des régimes totalitaires ou des dictateurs et que ces derniers s'en servent de façon maléfique. On a craint pendant des années par exemple une Union soviétique qui posséderait des technologies d'ingénierie psychologique.

Mais mon inquiétude se porte aussi vers nos démocraties libérales, où, il faut le dire, l'abaissement de l'humain semble résulter de sa propre liberté de choix. Au fond, nous n'avons peut-être même pas besoin des dirigeants mondiaux dépeints par Aldous Huxley dans *Le Meilleur des mondes* pour nous diminuer. Nos divertissements sont vides, nos rapports humains sont de plus en plus superficiels, la sexualité est détachée de l'amour et de la reproduction, de toutes ces choses qui lui ont toujours donné une signification humaine profonde. On risque bientôt de voir les arts et la littérature s'assécher, être vidés de toute valeur, sans compter que la notion d'amitié est peut-être en train de dépérir... Tous ces appauvrissements se produisent sans que nul dictateur nous ordonne quoi que ce soit. Si nous choisissons de nous satisfaire paresseusement à moindres frais, cela finira par avoir raison de nos aspirations à quelque chose de grand, de bien, et de notre volonté de nous accomplir réellement comme êtres humains.

N'importe qui comprend que le bioterrorisme serait une chose terrible. On n'a pas besoin de réfléchir longtemps pour se rendre compte que les armes biologiques sont épouvantables et qu'on doit les prohiber et empêcher leur utilisation. Mais lorsque les germes des maux se trouvent dans les biens mêmes que nous désirons si profondément, alors nous nous retrouvons dans une situation qui relève de la tragédie pure.

La vie ne sera plus une symphonie

Passons maintenant à cette distinction controversée entre deux concepts : la guérison de l'humain et son amélioration. Vous dites que la première est souhaitable, mais qu'on devrait tout faire pour éviter la seconde. Certains prétendent que cette distinction ne peut être appliquée. Vous avouez qu'elle n'est pas parfaite, mais comme l'indique le titre de votre rapport, Beyond Therapy, *vous maintenez qu'elle peut être utile.*

Absolument. Nous devons faire en sorte que le plus grand nombre d'individus, non seulement dans l'Occident prospère mais dans le monde entier, aient la possibilité de vivre une vie pleinement humaine, d'être en bonne santé physique et mentale et en pleine possession de leurs facultés, afin d'accomplir ce que permet la condition humaine. Or, la médecine et la technologie ont beaucoup à faire dans la réalisation de cet objectif. Malheureusement, bien des gens en sont actuellement exclus.

Mais il faut s'interroger : une fois que vous allez au-delà du soin du corps ou de l'esprit, ce qui constitue un bon usage de ces technologies cesse d'être clair. Car on intervient dans l'humain, un organisme extrêmement complexe, très souvent sans savoir exactement ce que l'on est en train de faire, afin d'atteindre des buts auxquels on n'a pensé que de façon extrêmement superficielle. Je vous donne un exemple concret : supposons qu'on offrait, dès la jeunesse, un médicament qui augmenterait votre espérance de vie de cent à cent cinquante ans, et ce, tout en restant en bonne santé. Les gens, en majeure partie, diraient : « Bien sûr que j'en prendrais ! » Cela découle d'un désir antique de ne pas vieillir ni mourir et provient aussi de l'attachement de toute personne à sa propre existence et à ses proches. Mais voici une question intéressante : que serait la vie dans un monde où tous feraient ce choix ?

Ils ne feraient plus d'enfants, ou alors très peu.

En effet. Et déjà dans le dernier siècle, la longévité accrue des privilégiés s'est accompagnée d'un intérêt toujours moindre à être remplacés. Il me semble assez frappant d'observer les générations actuelles, qui se sont acharnées à dire que la vie n'avait pas de sens mais qui en même temps semblent vouloir saisir toutes les occasions pour rester en vie aussi longtemps que possible.

Ces mêmes générations se montrent aussi rétives au sacrifice individuel que représente la tâche d'élever des enfants de manière convenable. Ce phénomène s'observe encore plus en Europe qu'aux États-Unis. J'ignore comment cela se présente au Canada, mais vous connaissez les données en ce qui concerne l'Italie : 1,2 enfant par femme !

La situation au Québec est similaire, voire pire.

Vous n'êtes pas sérieux ! Vraiment ? Alors je m'interroge : que serait la vie s'il n'y avait pas cette possibilité du renouvellement des commencements, de l'innocence, de l'arrivée de personnes qui ne sont pas cyniques et blasées parce qu'elles ont déjà vécu toutes les désillusions possibles ? Du reste, est-ce que les gens se marieraient ? Aujourd'hui même, de toute façon, les couples sont peu enclins à rester unis aussi longtemps qu'avant. Mais dans un monde où la longévité serait considérablement accrue, les gens se marieraient-ils ? Si l'horizon devant eux était de cent ans plutôt que de cinquante, se promettraient-ils de rester unis « jusqu'à ce que la mort les sépare » ? Que serait ce monde où il n'y aurait plus ce moment où un fils supplante son père sur le plan de la force physique ? Où ce fils devrait attendre d'avoir cent ans avant que sa force physique égale ou supplante celle de son père ?

Pourquoi est-ce si déterminant à vos yeux ?

Parce que le cycle de la vie est plein d'enseignements. Il y a là une trajectoire : nous venons au monde, nous grandissons, nous nous épanouissons, nous commençons à ralentir, puis nous déclinons et enfin nous nous préparons à partir. Mais si vous concevez le temps comme homogène, comme la répétition du même, et qu'il n'y a plus cette trajectoire, que la vie, en quelque sorte, ne prend plus la forme d'une symphonie, les gens ne vivront plus leur vie de la même façon. Dans un monde où l'on pourra jouer [au hockey] pour les Canadiens de Montréal jusqu'à l'âge de quatre-vingts ans, on sera moins enclin à faire une place aux autres, à préparer le monde pour ses enfants. Je souhaite que les fils battent leur père ? Non. Je veux simplement dire que de favoriser la longévité, c'est rendre le monde défavorable aux jeunes, à la jeunesse et au remplacement.

Disparition de l'adulte

Pourtant, on peut dire qu'aujourd'hui la jeunesse a la cote, on rêve de jeunesse éternelle. On est obsédé par cela.

Oui, mais dans un monde où l'espérance de vie serait de cent cinquante ou deux cents ans, les gens qui composeraient la jeune génération — si jamais il y avait encore une telle chose — rencontreraient maints obstacles à leur maturation. Le phénomène a commencé au XXe siècle. Aux États-Unis, il y a une génération entière d'individus qui ne sont pas vraiment des adultes. Ils ont un salaire, un appartement à eux ; ils ont un revenu disponible important, une auto, etc. Mais la dernière chose qui leur vient à l'esprit est de se marier pour préparer les générations futures[3]. Le monde dans lequel ils vivent a rendu attrayant cet état que je qualifierais « d'immaturité fonctionnelle ». Voyez-vous, être un adulte, cela signifie vraiment qu'on prend la responsabilité du monde et qu'on prépare le remplacement de soi. Mais si vous vous consacrez entièrement à la poursuite de vos plaisirs, de votre jeunesse éternelle, de vos satisfactions, forcément vous en venez à refuser cette grande responsabilité du monde qui consiste à vous occuper des enfants ; ce qui devrait du reste être le fait des gens dans la fleur de l'âge. C'est là déjà, d'une certaine manière, une des conséquences de cette grande conquête qui consiste à allonger l'espérance de vie. En découle une certaine redéfinition de ce qu'être « jeune » signifie. Et cela ne comporte pas que de bons aspects.

Bref, il y a déjà une redéfinition de l'humain qui s'effectue, travaillée au corps par la technique. Mais à quel moment précisément pourrons-nous dire que nous sommes des posthumains ? Quels signes pourrons-nous observer ?

Pour être très franc, je l'ignore. Et mon humeur à ce propos varie passablement. Je dirais ceci : l'âme humaine peut être dégradée, abaissée, mais je ne suis pas sûr qu'elle pourra vraiment être anéantie complètement. Et cela dépendra beaucoup de ce que j'appellerais l'*eros* humain. Je ne parle pas ici d'une énergie sexuelle, mais de l'aspiration humaine à quelque chose de plus grand, de plus élevé, que ce soit dans les arts, en musique, en religion, ou alors le simple désir de faire de grandes choses. Si vous observez les jeunes aujourd'hui, ils semblent avoir hérité en grande partie de ce cynisme profond à l'égard de bien des choses, comme l'amour durable, par exemple. Mais si l'on va au-delà de ce cynisme superficiel, on découvre que ce qu'ils recherchent réellement, c'est quelque chose de plus permanent, quelque chose qui ne les décevra pas. Ils ont le goût d'un type d'intimité qui soit riche et vraie. En somme, la culture ambiante rabaisse ces désirs, mais il est probable que les aspirations humaines fondamentales soient indestructibles.

C'est une des raisons pour lesquelles nous devrions nous inquiéter de ce que les drogues et médicaments — tout ce qui peut s'apparenter au Soma imaginé par Huxley — peuvent apporter comme satisfactions aux aspirations fondamentales.

On pense évidemment au Prozac.

C'est là un médicament extrêmement important pour le traitement des dépressions sérieuses réelles. Il ne faut pas se tromper, ces médicaments ont leur raison d'être. Il faut toutefois tenter de définir ce qui constitue une dépression qui nous rend incapable de fonctionner et d'avoir une vie normale sur le plan émotif. Il faut aussi distinguer les drogues qui nous permettent de sortir de cet état et les autres, qui procurent des satisfactions immédiates, superficielles, et bloquent l'accès aux grands et vrais accomplissements.

Éléments biographiques

Vous êtes médecin, n'est-ce pas ?

J'ai acquis une formation de médecin. Mais je ne pratique pas. J'ai aussi un doctorat en biochimie, ce qui m'a amené à évoluer dans les laboratoires. J'ai pris en 1970 une année sabbatique pendant laquelle j'ai commencé à étudier les questions de bioéthique.

Comment en êtes-vous venu à vous intéresser à ces questions ?

Oh, c'est une longue histoire, qui remonte à trente-cinq, voire quarante ans. Je ne veux pas vous ennuyer en la racontant en détail, mais disons que pendant le mouvement pour les droits civils, dans lequel j'ai été passablement actif, il m'a semblé clair que, contrairement à la question de la discrimination raciale, où il était relativement aisé d'identifier le mal et où la seule question était « Qu'allons-nous faire pour l'éliminer ? », il me semblait qu'en même temps, mon propre champ d'intérêt, la science biomédicale, développait de nouvelles méthodes pour intervenir dans le corps et l'esprit humains d'une manière qui pouvait changer ce qu'« être humain » signifie. Je me suis alors dit que ces questions étaient tellement profondes, tellement importantes, que je devais m'y consacrer.

À cette époque, un de mes grands amis m'a suggéré plusieurs livres, dont *Le Meilleur des mondes*, de Huxley, *The Abolition of Man*, de C. S. Lewis, les *Discours* de Rousseau sur les sciences et les arts et les inégalités, d'où provient la citation que j'ai utilisée tout à l'heure.

J'ai été élevé comme un enfant des Lumières. Le projet implicite que je portais pouvait se résumer à l'ensemble des principes suivants : pas de religion, faire avancer le savoir, combattre les superstitions, éliminer la pauvreté, améliorer la santé des gens. Ces objectifs atteints, tout le monde serait heureux pour toujours. Mais il m'a soudainement semblé clair que les désirs humains les plus profonds ne pourraient jamais être comblés ainsi. Et que régler les problèmes externes de la condition humaine en oubliant ses aspirations profondes risquait de préparer une condition humaine étriquée, diminuée.

La libre disposition de son corps

Peut-on selon vous faire un lien entre le débat sur l'avortement aux États-Unis et toute cette question de la posthumanité ? Certains disent que l'argument de la « libre disposition de son corps », utilisé par les militants pro-avortement, sert mainte-

nant aux tenants de la posthumanité. Ils l'invoquent pour dire qu'on peut et qu'on doit choisir son corps.

En effet, je crois qu'il y a un lien. À une certaine époque, dans les débats sur l'avortement et la contraception, on a usé du slogan « Tout enfant doit être désiré ». Or, cela peut nous conduire à percevoir l'enfant non plus comme un cadeau dont on doit prendre soin et que l'on doit chérir, mais comme un être qui existe afin de satisfaire les désirs des parents. De plus en plus, l'enfant est une condition de l'épanouissement des parents. C'est un changement assez profond que j'ai observé ces dernières décennies aux États-Unis.

Toutefois, je crois qu'il faut être ici extrêmement prudent. Il n'est pas aisé de distinguer entre ces choses que la nature nous donne et que l'on doit maintenir telles quelles et ces autres choses que nous pouvons modifier et améliorer par le truchement du génie et du savoir humains. Mais une chose est certaine : lorsqu'on commence à dire que son corps n'est que l'instrument de sa volonté, je crois que cela ne sert aucunement la compréhension de soi.

On dit souvent de vous que vous êtes un luddite.

Oui, on m'a dépeint comme quelqu'un qui souhaite au fond que l'on désinvente la roue et que l'on retourne vivre dans les cavernes comme les ours ! C'est ridicule et profondément faux. Ces insultes sont le fait de gens qui refusent de penser profondément à ces questions. Ils tendent toujours le même piège : « Si vous n'acceptez pas toutes les modifications de la nature, vous les refusez probablement toutes. » Selon moi, la seule vraie question est celle-ci : quelles sont les modifications, les interventions dans la nature, qui contribuent à l'humanisation et quelles sont celles qui contribuent à la déshumanisation ? C'est sans compter qu'il y en a qui favorisent à la fois la déshumanisation et l'humanisation. Distinguer tout cela me semble une tâche intellectuelle énorme.

La médecine — je tiens à le dire — est pour moi une façon d'utiliser le savoir pour dépasser ce que le corps « a en stock pour nous ». Et c'est une belle et grande chose. Mais qui dépend beaucoup aussi de ceci : l'intervention ou la modification viseront-elles à dominer la nature ou contribueront-elles plutôt à aider et à accompagner les forces intrinsèques de la nature qui servent à la guérison ?

Si nous voulons distinguer entre ce qui nous rend plus ou moins humain, il faut bien savoir ce que signifie « être un humain ». Selon vous, existe-t-il une « nature humaine » ?

Absolument. Ce n'est rien d'évident. Ce n'est pas gravé dans la pierre. Ça évolue. Mais il y a certaines caractéristiques qui sont essentielles : si nous les perdions, nous deviendrions autres que ce que nous sommes. La liberté et l'intelligence, par exemple. Même les posthumanistes ne veulent pas laisser tomber la « liberté » de choisir la condition posthumaine. C'est la pensée humaine qui rend ce choix possible. Or, si la créature posthumaine s'avérait sans intelligence et sans liberté, les posthumanistes seraient bien embêtés, même si cette créature était éternelle. Je crois en fait qu'il y a certaines limites humaines, la mortalité en tout premier lieu, qui contribuent à susciter le désir de transcendance. Et comme Homère nous le fait comprendre dans l'*Iliade*, les créatures immortelles, comme les dieux, n'ont aucune profondeur. Il ne s'agit pas ici de nous conforter, de nous rassurer à l'égard du fait que nous allons mourir, mais il y a certains signes qui nous poussent à comprendre que c'est parce que nous nous confrontons à des limites que nous sommes habités par l'espoir de choses illimitées. C'est grâce aux limites que nous pouvons aspirer, par-delà notre être, à quelque chose de grand et de parfait. Je doute que cette sorte d'aspiration humaine à l'absolu réussisse à survivre si nous continuons, par exemple, de séparer encore plus la procréation sexuelle de l'amour ; ou d'allonger la vie au-delà des frontières qui sont actuellement les nôtres. Dans ces circonstances, il y aura peut-être quelque chose qui ressemblera à l'humain, mais il sera diminué. Je ne crois pas qu'il y aurait eu un Shakespeare ou un Tolstoï, ou un Homère, ou même un Einstein, ou encore un Bach, voire un Mozart, s'il n'y avait pas dans notre vie certaines formes de confrontation avec des limites qui insufflent ce désir de la grandeur et de la transcendance.

Ce qu'est la nature humaine, ce qu'il faut préserver d'elle, ce n'est pas une question simple. Et c'est pour cela que l'on devrait refuser de confier l'avenir de l'espèce humaine à des gens qui ne sont pas intéressés à se poser ces questions. Des gens qui pensent qu'on devrait remplacer cette aspiration par leurs visions superficielles et leurs capacités technologiques, afin de nous conduire dans un monde qu'ils prétendent meilleur que le nôtre. Aucune raison ne justifie qu'on leur signe un chèque en blanc.

Néoconservatisme

> *Pour nommer l'actuel président des États-Unis, on utilise habituellement l'étiquette de « néoconservateur ». Que pensez-vous de cette épithète ?*

C'est une erreur. En fait, je ne sais pas ce que ce terme signifie vraiment. En tout cas, on l'utilise pour insulter les gens.

> *Puisque vous avez été nommé par ce président, ne croyez-vous pas que cette insulte peut nuire à vos idées, à votre rapport* Beyond Therapy, *à votre projet ?*

Il y a dix-sept personnes dans notre commission : des scientifiques, des humanistes, des catholiques, des protestants, des juifs, des athées. J'ignore comment chacun a voté aux élections présidentielles de 2000, mais je parierais que sept ou huit d'entre eux n'ont pas voté pour George W. Bush. L'actuel Conseil de bioéthique du président est la commission la plus hétérogène et la plus diversifiée que nous ayons jamais eue aux États-Unis. Il y a de réelles différences d'opinion au sein de cette commission et tous les membres ne sont pas d'accord avec tout ce qui se trouve dans le rapport. Il y a toutefois un consensus sur le fait que ce sont des questions cruciales pour notre temps et que nous devons susciter la réflexion à leur propos. Vous avez vu que ce rapport ne contient aucune recommandation. C'est un document de connaissances générales pour un public large. Il est empreint d'une volonté de prudence parce que nous croyons que les arguments pour aller de l'avant avec toutes ces biotechnologies sont très puissants : ils donnent trop facilement aux gens ce qu'ils souhaitent… Et nous en arrivons à une autre question : ne devrions-nous pas nous interroger sur ce que ces satisfactions nous procurent réellement ? Sur ce que nous risquons à prendre cette voie ? Notre attitude est celle de la prudence. Nous ne réclamons pas nécessairement l'arrêt des processus.

Notes

INTRODUCTION

1. Selon l'expression de Francis Fukuyama dans son article de *Foreign Policy* (2004) où il affirmait que le transhumanisme est « l'idéologie la plus dangereuse du siècle qui commence ».
2. Comme le fait remarquer justement Fukuyama dans le même article.
3. Yolène Dilas-Rocherieux, *L'Utopie ou la mémoire du futur. De Thomas More à Lénine, le rêve éternel d'une autre société*, Paris, Robert Laffont, 2000, p. 142.
4. À l'été 2003, j'ai réalisé un documentaire radiophonique d'une heure pour Radio-Canada intitulé « Après l'humain, le posthumain ? ». Il a été diffusé à *Des idées plein la tête* et à *Un autre regard*, mai-juin-juillet 2003 (diffusions : 18 novembre 2003, 1er juin 2004, 10 avril 2006).
5. Montréal, Boréal, 2003.
6. Le « Manifeste des mutants », rédigé en 2001 par le collectif Les Mutants, des collaborateurs du magazine *Chronic'Art* qui revendiquent l'anonymat. Ils s'en expliquent sur www.mutants.net : « Le texte le plus influent de l'histoire humaine (la Bible) était anonyme. Il en ira de même pour celui de l'évolution posthumaine. »
7. Gregory Stock, *Redesigning Humans : Our Inevitable Genetic Future*, Boston, Houghton Mifflin, 2002.
8. Auteur de *Léo Strauss. Une biographie intellectuelle*, Paris, Grasset, 2003.
9. Propos recueillis en 2000 lors d'une conférence de l'auteur autour du texte intitulé « De l'impasse nihiliste à l'utopie biogénétique. Remarques

sur une rétractation de Francis Fukuyama, un roman de Michel Houellebecq, une conférence de Peter Sloterdijk et l'âme humaine », *Argument*, vol. 3 (2000-2001), p. 32-57.

10. Le grand dictionnaire terminologique de l'Office de la langue française du Québec définit le cyborg comme un « personnage de science-fiction, se présentant comme un robot à forme humaine, constitué à la fois de chair vivante et de circuits intégrés en silicium ». Il poursuit : « Le terme *cyborg*, apparu vers 1960, a été créé à partir des mots *CYBernétique* et *ORGanisme*. Plusieurs termes non retenus ont déjà été proposés, ici et là, pour désigner cette notion : *biomate, mécanobie, mécobie, électronobie, électrobie, cybernobie, cybie et organomate.* »
11. Les cyborgs du roman *Do Androids Dream of Electric Sheep ?*, de Philip K. Dick, 1966, dont on a tiré le film *Blade Runner*.
12. Dominique Lecourt, *Humain posthumain*, Paris, Presses universitaires de France, 2003.
13. Jim McClellan, « The Tomorrow People », *The Observer*, 26 mars 1995.
14. Lors d'un colloque tenu en 1998 à UCLA. Rapporté par Ralph Brave, « Germline Warfare », *The Nation*, 7 avril 2003.
15. Lee Silver, *Remaking Eden : Cloning and Beyond in a Brave New World*, New York, Avon Books, 1998.
16. Cité dans Sheila M. Rothman et David J. Rothman, *The Pursuit of Perfection : The Promise and Perils of Medical Enhancement*, New York, Pantheon, 2003.
17. *Règles pour le parc humain. Une lettre en réponse à la Lettre sur l'humanisme de Heidegger*, traduction d'Olivier Mannoni, Paris, Mille et une nuits, 2000.
18. Jürgen Habermas, *L'Avenir de la nature humaine. Vers un eugénisme libéral ?*, Paris, Gallimard, NRF Essais, 2002.
19. Elizabeth Haiken, *Venus Envy: A History of Cosmetic Surgery*, Baltimore, Johns Hopkins University Press, 1997.
20. D'ailleurs, les producteurs viennent de lancer *Extreme Make-over, the House Edition*, où l'on transforme totalement une maison en quelques jours.
21. Joel Garreau, *Radical Evolution : The Promise and Peril of Enhancing Our Minds, Our Bodies, and What It Means to Be Human*, New York, Doubleday, 2005.

PREMIÈRE PARTIE • LES QUATRE VOIES VERS LA POSTHUMANITÉ

CHAPITRE PREMIER • ROBOT SAPIENS OU NOTRE DEVENIR PROTHÈSE

1. Extrait de *La Disparition*, dans *Poésies*, Paris, J'ai lu, 1999, p. 64.
2. Peter Menzel et Faith D'Aluisio, *Robo Sapiens, une espèce en voie d'apparition*, traduit de l'anglais par Brigitte François, Paris, Autrement, 2001.
3. Interview avec l'auteur, juin 2003.
4. Ollivier Dyens, *Chair et Métal*, Montréal, VLB éditeur, 2000.
5. Menzel et D'Aluisio, *op. cit.*, p. 12.
6. Chiffres disponibles en 2006 sur www.sante.gouv.fr/
7. Boston, Houghton Mifflin, 2005.
8. Apparu à San Francisco en pleine explosion de la cyberculture en 1993, le magazine *Wired* est rapidement devenu à la fois le symbole et le porte-parole de toutes les utopies technologiques. Il a été fondé par les journalistes Louis Rossetto et Jane Metcalfe avec l'aide de l'ingénieur et cyber-prophète Nicholas Negroponte, du MIT, qui y a tenu une chronique jusqu'en 1998. Les posthumanistes que nous avons rencontrés et présentés y ont donné plusieurs interviews.
9. « Warwick : Cyborg or Media Doll ? », *Wired*, 13 septembre 2000.
10. Frédéric Perron, « Brèves : Technologie : Une puce dans la peau ? », *Protégez-Vous*, octobre 2006, p. 4.
11. www.verichipcorp.com
12. Perron, *loc. cit.*
13. *Le Monde*, cahier Futurs, 2 octobre 2006, p. 18.
14. Estelle Saget, « Le pacemaker du cerveau », *L'Express*, 15 janvier 2004.
15. Le Grand Dictionnaire terminologique définit ainsi « velcro » : « Ensemble de deux rubans de tissu (généralement de nylon) dont les surfaces, l'une faite de crochets et l'autre de bouclettes, s'agrippent par contact. »
16. « Tapping the Mind », *Science*, 24 janvier 2003, p. 496-499.
17. Voir notamment Laurent Mauriac, « Transmission de pensées », *Libération*, 30 septembre 2006, et Richard Martin, « Mind Control », *Wired*, mars 2005.
18. Richard Martin, « Mind Control », *Wired*, mars 2005.
19. « CyberKinetics is just one of a dozen labs working on brain-computer interfaces, many of them funded by more than 25 $ million in grants from the US Department of Defense, which frankly envisions a future of soldier-controlled killer robots », *ibid.*
20. Interview avec l'auteur.

21. C'est d'ailleurs le scénario échafaudé par Frederik Pohl et Hans Moravec dans leur article « Souls In Silicon », *Omni*, vol. 16, n° 2, novembre 1993, p. 66-76.
22. Lors d'une conversation organisée par le webzine *L'Attention* en 2003. Voir l'article « Le posthumain est arrivé », http ://goulet.free.fr/presse/Attention-com.pdf
23. « Technologie et millénarisme », publié sur le site de l'encyclopédie de L'Agora : www.agora.qc.ca. Joint par courriel, l'auteur de *Society of Mind* (publié une première fois en 1986, en poche aujourd'hui chez Simon & Schuster, New York) revendique la première expression, mais pas la seconde. « Je ne me souviens pas d'avoir dit ou écrit cela, mais ça correspond au type de blague que je fais sur le corps humain », écrit-il.
24. Il a publié *The Age of Spiritual Machines*, New York, Viking, 1999.
25. Ollivier Dyens, « L'entre-lieu du désir : La machine univers », *Argument*, vol. 3, n° 1, octobre 2000, p. 68 (voir www.revueargument.ca).

CHAPITRE 2 • « SOMA SAPIENS »
OU L'HOMME PHARMACEUTIQUE

1. Interview avec l'auteur.
2. *Libération*, 18 juillet 2003, p. 4.
3. President's Council on Bioethics, *Beyond Therapy. Biotechnology and the Pursuit of Happiness*, New York et Washington, Dana Press, p. 271.
4. James Gorman, « Altered Human Is Already Here », *The New York Times*, 6 avril 2004.
5. Carl Elliott, « Beyond Politics : Why Have Bioethicists Focused on the President's Council's Dismissals and Ignored Its Remarkable Work ? », *Slate*, 9 mars 2004.
6. Chantal Gosselin, « Pour en finir avec le trouble du déficit de l'attention », *Le Devoir*, 28 août 2004.
7. Michael Sandel, « The Case Against Perfection », *The Atlantic Monthly*, avril 2004, www.theatlantic.com/doc/200404/sandel
8. *Maclean's*, 20 juin 2005.
9. Samuel Walker, « A Mixed Message to Children : Say "No" to Drugs, but "Yes" to Ritalin ? », www.mackinac.org, 8 janvier 2001.
10. Annick Vincent, *Mon cerveau a besoin de lunettes !*, Lac-Beauport, Éditions Académie Impact, 2004.
11. Titre d'un important livre sur l'hyperactivité : Harold S. Koplewicz, *It's Nobody's Fault*, Times Books, Random House, 1996.

12. *Beyond Therapy, op. cit.*, p. 276.
13. Lawrence H. Diller, *Running on Ritalin : A Physician Reflects on Children, Society, and Performance in a Pill*, New York, Bantam, 1999.
14. www.docdiller.com/article.php?sid=84
15. www.pbs.org/wgbh/pages/frontline/shows/medicating/experts/explosion.html
16. http ://psycentral.com
17. Edward M. Hallowell et John J. Ratey, *Driven to Distraction : Recognizing and Coping with Attention Deficit Disorder from Childhood Through Adulthood*, New York, Touchstone, 1995.
18. Steven Rose est l'auteur de *The 21st Century Brain*, Londres, Jonathan Cape, 2005. Il s'exprimait ainsi dans une interview à *Science and Technology News*, « Explaining The Mind : An Interview With Steven Rose », 24 mai 2005.
19. Shankar Vedantam, « Drug Ads Hyping Anxiety Make Some Uneasy », *The Washington Post*, 16 juillet 2001.
20. *Idem.*
21. Cas cité par Sandel, « The Case Against Perfection », *The Atlantic Monthly*, avril 2004.
22. Chantal Gosselin, « Pour en finir avec le trouble du déficit de l'attention », *Le Devoir*, 28 août 2004.
23. Charles Gilbert, « Hyperactivité : les adultes aussi », *L'Express*, 29 mars 2004.
24. Francis Fukuyama, *La Fin de l'homme, les conséquences de la révolution biotechnique*, La Table Ronde, 2002. Traduction de *Our Posthuman Future : Consequences of the Biotechnology Revolution*, New York, Farrar, Straus & Giroux, 2002.
25. www.aleph.se/andart/
26. Communiqué du Stanford University Medical Center à propos du colloque : « Ethics of Boosting Brainpower Debated by Researchers », 19 avril 2004.
27. Interview avec l'auteur.
28. James Hughes, « Democratic Transhumanism 2.0 », publié sur son site Internet et dans *Transhumanity*, 28 avril 2002.
29. Expressions que Christian Saint-Germain utilise dans « Paxil Blues : enjeux éthiques des antidépresseurs », *Argument*, vol. 7, n° 1, automne 2004/hiver 2005.
30. Stuart Kirk et Herb Kutchins, *Aimez-vous le* DSM *? Le triomphe de la psychiatrie américaine*, trad. O. Ralet et D. Gille, Paris, Les Empêcheurs de penser en rond, 1998, p. 322.
31. Élisabeth Roudinesco, *Pourquoi la psychanalyse ?*, Paris, Fayard, 1999.

32. Francis Fukuyama, *Our Posthuman Future, op. cit.*, p. 49.
33. Christian Saint-Germain, *Paxil Blues*, Montréal, Boréal, 2005.
34. Francis Fukuyama, *Our Posthuman Future, op. cit.*, p. 46.
35. Cité par Élisabeth Roudinesco, *Pourquoi la psychanalyse?, op. cit.*, p. 15.
36. L'acide gamma-hydroxybutyrique ou GHB a été synthétisé en 1964 par Henri Laborit. Ce nouveau composé a des propriétés hypnotiques. Dans la foulée de cette observation, le GHB fut utilisé en clinique comme anesthésique puis, plus récemment, dans le traitement de la narcolepsie, une pathologie des rythmes du sommeil. Il est connu comme la drogue du viol.
37. Sandel, « The Case Against Perfection », *loc. cit.*, www.theatlantic.com/doc/200404/sandel
38. Et peut-être développer un parkinson précoce en raison des dommages causés aux récepteurs de dopamine. Mais ça, c'est une autre histoire.
39. Cité par Vanessa Quintal, « Neurone nation », *Voir* [Montréal], 12 février 2004.

CHAPITRE 3 • L'HOMME ÉTERNEL

1. Voir ci-dessous le chapitre « Transvision 2004 ou le congrès des mutants ».
2. Montréal, Boréal, 1992 ; Castelnau-le-Nez, Climats, 2001.
3. Interview avec l'auteur.
4. Intèrview avec l'auteur.
5. Aubrey De Grey a d'ailleurs été interviewé à la célèbre et sérieuse émission d'information américaine *60 Minutes* en décembre 2005.
6. Une fraction des fonds amassés au moment de l'expérience réussie. À l'automne 2005, le fonds était de plus de trois millions de dollars. Le montant remis au gagnant est établi selon la formule suivante : « *Previous record : X days ; New record : X+Y days ; Longevity Prize fund contains : \$Z at noon GMT on day of death of record-breaker ; Winner receives : \$Z x (Y/(X+Y))*. »
7. Selon le Grand Dictionnaire terminologique : « Organite cytoplasmique constant dans toute cellule, de forme, taille et nombre variables, constitué d'une double membrane limitant une matrice amorphe, qui joue un rôle essentiel dans tous les phénomènes d'oxydation, qui emmagasine l'énergie cellulaire sous forme d'ATP et qui est susceptible de stocker certaines substances. »
8. President's Council on Bioethics, *Beyond Therapy, op. cit.*

9. « Death is an outrage », www.rfreitas.com/Nano/DeathIsAnOutrage. htm
10. Gregory Stock, *Redesigning Humans, op. cit.*, p. 96.
11. Damien Broderick, *The Last Mortal Generation : How Science Will Alter Our Lives in the 21st Century*, New York, New Holland Publishers, p. 202. Cité par Bill McKibben dans *Enough*, New York, Times Books, 2003, p. 157.
12. On peut prendre connaissance de son argumentation dans l'interview que Leon Kass nous a accordée et qui est reproduite dans la dernière partie du livre.
13. Bill McKibben, *Enough*, New York, Times Books, 2003.
14. McKibben, *Enough, op. cit.*, p. 157.
15. Selon le Grand Robert, le terme « cryogénie » désigne la « production de basses températures ». La technique de conservation des cadavres par le froid est plutôt désignée par « cryonie ». Bien qu'on lise souvent « cryogénie » et que le terme « cryonie » soit rarement employé, nous avons décidé d'opter pour ce dernier par souci d'exactitude.
16. Robert Ettingen, *The Prospect of Immortality*, New York, Doubleday, 1964, p. 127 (traduit en français et préfacé par le biologiste Jean Rostand, *L'homme est-il immortel ?*, Paris, Denoël, 1987). Bill McKibben cite ce passage dans *Enough, op. cit.*, p. 154.
17. Notons le titre satirique d'un article du *Nouvel Observateur* de février 2002 : « Papa et maman sont dans la glace : les givrés de la chambre froide. » Pour le dossier complet, voir : www.dtext.com/transition/martinot/situation.html#16mars2006
18. « Le couple congelé a finalement été incinéré », *Le Figaro*, 17 mars 2006.
19. Dans un communiqué du 17 septembre 2004.
20. Interview avec l'auteur.
21. *Woody et les robots.*
22. Architecte utopiste du XVIIIe siècle, Boullé avait conçu entre autres un cénotaphe en l'honneur d'Isaac Newton. On peut trouver une description du projet de Saul Kent au www.timeship.org

CHAPITRE 4 • DES OGM AUX HGM

1. Michel Houellebecq, *Les Particules élémentaires*, Paris, Flammarion, 1998, p. 392.
2. « Lorsque le titre d'un quotidien proclame qu'une équipe a mis en évidence le "gène de la schizophrénie", celui de l'homosexualité ou de la psychose maniaco-dépressive, il faut entendre, en fait, qu'a été effectuée une

localisation, et non l'isolement effectif d'un gène. Entité qui [...] ne serait de toute façon pas "le" gène de la schizophrénie, mais plutôt un gène dont certaines variantes conféreraient à son porteur un risque supérieur à la moyenne de développer cette maladie. » Bertrand Jordan, *Les Imposteurs de la génétique*, Paris, Seuil, 2000.
3. Cité par Jacques Testart, « Les apprentis-sorciers sortent de l'éprouvette », *Le Monde*, 5 juin 2001.
4. Cité dans John Campbell et Gregory Stock, « Engineering the Human Germline Symposium Summary Report », juin 1998, www.ess.ucla.edu/huge/report.edu, p. 13. Aussi cité dans McKibben, *Enough, op. cit.*, p. 180.
5. *The Globe and Mail*, 5 novembre 1999.
6. Lauren Slater, « Dr Daedalus : A Radical Plastic Surgeon Wants to Give You Wings », *Harper's*, juillet 2001. Cité par McKibben, *op. cit.*, p. 25.
7. Interview avec l'auteur.
8. Interview avec l'auteur. Mme Knoppers est aussi présidente du Comité d'éthique de la Human Genome Association.
9. Interview avec l'auteur.
10. « Dopage génétique actuel », *L'Humanité*, 6 mars 2003.
11. Interview avec l'auteur.
12. *Le Figaro*, 3 mai 2005.
13. Interview avec l'auteur.
14. Paris, Flammarion, 1986.
15. Elle en est devenue la présidente en mars 2006.
16. Interview avec l'auteur.
17. Francis Fukuyama, *Our Posthuman Future, op. cit.*, p. 80.
18. Interview avec l'auteur.
19. Robert Latimer est un fermier de la province de la Saskatchewan qui, en octobre 1993, a mis fin aux jours de sa fille lourdement handicapée. Il a été condamné à perpétuité en 2001, malgré sa défense axée sur la logique du « meurtre par compassion ». Une bonne partie de l'opinion publique canadienne excusa son geste.

DEUXIÈME PARTIE • QUE VEULENT-ILS ? QUI SONT-ILS ?
CHAPITRE PREMIER • LES MANIFESTES DES PARTIS TRANSHUMANISTES

1. « There will be many Utopias. Each generation will have its new version of Utopia, a little more certain and complete and real, with its problems lying closer and closer to the problems of the Thing in Being. »

2. Ou « foires aux questions », selon l'ingénieuse traduction proposée par l'Office de la langue française du Québec.
3. www.transhumanism.org/index.php/wta/more/848
4. Plusieurs études féministes ont mis en relief le fait que le mouvement transhumaniste était animé presque entièrement par des hommes.
5. Néologisme qui a chez Hughes un autre sens que chez Michel Foucault. Ce dernier parle du contrôle accru des corps par l'État-providence. Hughes parle plus simplement d'une nouvelle configuration idéologique au centre de laquelle on trouve la « biologie ».
6. Voir l'article « Bioluddismes » de M. Giesen sur le site de l'Observatoire de la génétique, n° 18, juillet-août 2004.
7. Voir notre interview plus bas.
8. Klaus-Gerd Giesen, « Bioluddismes », Université de Leipzig, *loc. cit.*
9. Voir cognitiveliberty.org
10. Hughes n'est pas le seul. Une phrase de Reeves — « Je n'aurais jamais cru qu'un jour la politique se mettrait dans le chemin de l'espoir » — a même été utilisée comme slogan dans une campagne de certains transhumanistes pour dénoncer le bioconservatisme aux États-Unis, à l'hiver 2004.
11. Voir le chapitre précédent.
12. James Hughes, *Citizen Cyborg. Why Democratic Societies Must Respond to the Redesigned Human of the Future*, Cambridge, Westview Press, 2004.
13. Antonio Negri et Michael Hardt, *Empire*, Paris, Exils éditeur, p. 269 (les italiques sont du traducteur Denis-Armand Canal). À la page 127, les auteurs écrivent aussi : « Une fois reconnue la posthumanité de nos corps et de nos esprits, une fois compris que nous sommes des singes, nous avons besoin d'explorer la *vis viva*, les pouvoirs créateurs qui nous animent comme ils le font de toute nature et actualisent nos potentialités. Tel est l'humanisme après la mort de l'Homme : ce que Foucault appelle "le travail de soi sur soi", le projet constituant perpétuel qui crée et recrée à la fois nous-mêmes et notre monde. »
14. Les « *libertarians* » aux États-Unis forment un courant marginal mais bruyant, caractérisé par une philosophie libertarienne radicalement antiétatique.
15. Klaus-Gerd Giesen, *L'Observatoire de la génétique*, n° 16, mars-avril 2004 (www.ircm.cq.ca/bioéthique/obsgenetique/archives/archives.html).
16. Hans Jonas, *Le Principe responsabilité, une éthique pour la civilisation technologique*, Paris, Flammarion, 1999 (pour l'édition de poche).
17. Voir sur le site extropy.org, *The Proactionary Principle*, par Max More.
18. Toujours dans le texte *The Proactionary Principle*, *loc. cit.*
19. Coïncidence ou culte du chiffre « sept » ? La « Déclaration transhumaniste » contient sept alinéas. Les principes extropiens sont au nombre de

sept et, ici, More propose autant d'amendements. Le nombre de principes contenus dans son *Proactionary Principle*, que j'ai déjà présenté (p. 118), est de sept, évidemment.
20. Expression que le philosophe utilise rarement.
21. *The Politics of Transhumanism*, version 2.0, mars 2002, www.change surfer.com/Acad/TranshumPolitics.htm
22. Dorothée Benoît-Browaeys, dans son enquête « Les transhumains s'emparent des nanotechnologies », publiée sur Internet : www.vivant info.com
23. www.ifrance.com/mutation/accueil.htm

CHAPITRE 2 • TRANSVISION 2004 OU LE CONGRÈS DES MUTANTS

1. Réseau informel des treize universités américaines historiques les plus prestigieuses.
2. Sur le site de l'encyclopédie Wikipedia, on trouve cette définition assez juste : « *Nerd* : personne à la fois socialement handicapée et passionnée par des sujets liés à la science et aux techniques. »
3. BMEzine.com
4. Shannon Bell, « Feminist Ejaculations », dans Arthur et Marilouise Kroker (dir.), *The Hysterical Male*, St. Martin's Press, 1991.
5. Regroupés dans le portail www.nada.kth.se/~asa/
6. Bill Joy, « Why the Future Doesn't Need Us », *Wired*, avril 2000.
7. Bill McKibben, *Enough, op. cit.*, p. 89.
8. Un peu après TV04, Fukuyama publia son célèbre texte dans *Foreign Policy* (septembre-octobre 2004) où il affirmait que le transhumanisme était « l'idéologie la plus dangereuse du siècle qui commence ». Bostrom répliqua sur son site à Fukuyama, s'étonnant de la violence du philosophe à leur égard et expliquant qu'il était un réactionnaire puisqu'il croyait en une « essence humaine » irréductible (www.nickbostrom.com/papers/dangerous.html).
9. « This demand for performance and perfection animates the impulse to rail against the given. It is the deepest source of the moral trouble with enhancement. » Voir www.theatlantic.com/doc/prem/200404/sandel. Ce qui rappelle Hannah Arendt, qui écrivait en 1958 dans *La Condition de l'homme moderne* : « Cet homme futur, que les savants produiront, nous disent-ils, en un siècle pas davantage, paraît en proie à la *révolte contre l'existence humaine* telle qu'elle est donnée, cadeau venu de nulle part (laïquement parlant) et qu'il veut pour ainsi dire échanger contre un ouvrage

de ses propres mains. Il n'y a pas de raison de douter que nous soyons capables de faire cet échange, de même qu'il n'y a pas de raison de douter que nous soyons capables à présent de détruire toute vie organique sur terre. La seule question est de savoir si nous souhaitons employer dans ce sens nos nouvelles connaissances scientifiques et techniques, et l'on ne saurait en décider par des méthodes scientifiques. C'est une question politique primordiale que l'on ne peut guère, par conséquent, abandonner aux professionnels de la science ni à ceux de la politique.» Nous soulignons.
10. John Burdon Sanderson Haldane (1892-1964) fut un généticien indien d'origine britannique réputé, membre de la Royal Society.
11. www.cscs.umich.edu/~crshalizi/Daedalus.html
12. « There is no great invention, from fire to flying, which has not been hailed as an insult to some god. »
13. Il est vrai que Descartes fait peut-être exception ici. Il y a effectivement quelque chose de quasi « transhumaniste » dans au moins un passage du Discours de la méthode: « L'esprit dépend si fort du tempérament et de la disposition des organes du corps que s'il est possible de trouver quelque moyen qui rende communément les hommes plus sages et plus habiles qu'ils n'ont été jusqu'ici, je crois que c'est dans la médecine qu'on doit le chercher.» Discours de la méthode, VI, 2.
14. « Si j'étais un faiseur de livres, je ferais un registre commenté des morts de toutes sortes. Qui apprendrait aux hommes à mourir leur apprendrait à vivre.» Essais, I, 19.
15. Voir son interview accordée en juin 2004 à Tech Central Station, reproduite notamment sur le site FightAging.org : « Since rich people will be paying for rejuvenation therapies as a way to live longer, not as a way to get blown up by poor people, everyone will work really hard to make these treatments as cheap as possible, as soon as possible. »
16. C'est ce qu'affirme par exemple Dorothée Benoît-Browaeys, loc. cit.
17. Carl Elliott, « Humanity 2.0 », Wilson Quarterly, automne 2003.
18. Le sociobiologiste Richard Dawkin a créé ce néologisme en 1976 dans son livre The Selfish Gene (Le Gène égoïste, Paris, Odile Jacob, 2003). Il s'était basé sur le mot grec mimeme, « chose imitée », et a voulu donner à ce mot une consonance rappelant « gene » (gène). « Les mèmes sont les blocs de construction de base de nos esprits et de notre culture, de la même façon que les gènes sont les blocs de construction de base de la vie.» Voir Le Gène égoïste.
19. Eric Drexler, The Engines of Creation, New York, Anchor Books, 1986. Texte intégral disponible sur Internet à www.foresight.org/EOC
20. Hans Moravec, Mind Children : The Future of Robot and Human Intelligence, Cambridge (Mass.), Harvard University Press, 1988.

21. Voir l'article « Souls In Silicon » de Frederik Pohl et Hans Moravec, *loc. cit.*
22. Notons que la vie et les frasques de Raël ont inspiré le romancier Michel Houellebecq. Le personnage central de *La Possibilité d'une île* (Paris, Fayard, 2005) fait drôlement penser au chef des raéliens.
23. Hanson a défini et conceptualisé, dans les années 1990, le « marché des pronostics ». En 2003, il travaillait à développer pour DARPA (groupe de recherche du Pentagone) une application de ses théories qui aurait permis de prédire les actes terroristes. Le projet a dû être abandonné en raison de son caractère controversé. Voir *London Daily Telegraph*, 3 août 2003, p. 6.
24. Voir le site du Genetic Virtue Program (www.permanentend.org/gvp.htm).
25. Ronald Bailey, *Liberation Biology: A Moral and Scientific Defense of the Biotech Revolution*, New York, Prometheus Books, 2005.
26. Voir le chapitre 3, « L'Homme éternel ».
27. *Ecoscam : The False Prophets of Ecological Apocalypse*, New York, St. Martins Press, 1993.
28. Voir son compte rendu de TV04, « Transhumanists, Still Human », www.imminst.org/forum/index.php?act=ST&f=67&t=4127
29. *Jackass*, en argot américain, désigne une personne qui ressemble à un âne par son obstination et son manque d'intelligence. En 1999, c'est le titre qu'on donna à une émission de télévision de la chaîne musicale MTV. Un groupe de jeunes, dont le leader est un certain Steve-O, y commettent des cascades insensées et des actes d'automutilation en direct. Lors de leur passage dans les villes d'Amérique du Nord, ils déclenchent fréquemment des émeutes et des spectacles impromptus d'automutilation, comme ce fut le cas à Québec et à Montréal en 2004.
30. Il s'agit bien sûr du test de l'intelligence artificielle décrit par Alan Turing en 1950 dans sa publication *Computing Machinery and Intelligence*. « Ce test consiste à mettre en confrontation verbale un humain avec un ordinateur et un autre humain à l'aveugle. Si l'homme qui engage les conversations n'est pas capable de dire qui est l'ordinateur et qui est l'autre homme, on peut considérer que le logiciel de l'ordinateur a passé avec succès le test », peut-on lire dans Wikipedia. Évidemment, le test n'a pas encore été réussi.

CHAPITRE 3 • MAX ET NATASHA, LES PREMIERS EXTROPIENS

1. Voir la fin du chapitre précédent.
2. Elle avait pourtant expliqué, dans *Ageless Thinking*, sorte de traité de la

pensée « sans âge », qu'elle se mettait en colère lorsqu'on insistait sur l'âge des gens : « Chaque fois que j'entends par exemple ce type de phrase, "John Doe, quarante-deux ans, a gagné aux Jeux olympiques…", je me demande pourquoi il est si nécessaire de révéler l'âge de quelqu'un. » Voir www.natasha.cc/ageless.htm
3. « Transhumanisme et génétique humaine », L'Observatoire de la génétique, n° 16, mars-avril 2004 (www.ircm.cq.ca/bioéthique/obsgenetique/archives/archives.html).
4. Sa thèse, soutenue en 1995, porte sur l'aspect non fixe de l'identité personnelle : « The Diachronic Self : Identity, Continuity, Transformation ». Voir www.maxmore.com/disscont.htm
5. www.caipirinha.com/Film/spcontent.html
6. Matthew DeBord, « Biotech at the Barricades », Atlantic Monthly, en ligne, 11 novembre 1998.
7. www.natasha.cc
8. Elle précise qu'elle a obtenu les certifications suivantes : « American Muscle and Fitness (AMFPT) » et « Personal Trainer and Sports Nutritionist ».
9. Économiste d'origine autrichienne, né en 1899 et mort en 1992.
10. Texte de 1994, voir maxmore.com/becoming.htm
11. C'est ce qu'il explique dans members.aol.com/t0morrow/Name.html
12. Cité dans « Meet the Extropians », article d'Ed Regis publié dans un des premiers numéros de Wired, octobre 1994.
13. Jim McClellan, « The Tomorrow People », The Observer, 26 mars 1995.
14. Université de la Californie à Los Angeles.
15. « Futurist Known as FM-2030 Is Dead at 69 », The New York Times, 11 juillet 2000.
16. Janvier 2000.
17. www.natasha.cc/primo
18. Il a créé en 1999 le Centre de recherche d'immortalité (CRI). Le Parc s'était installé dans une chapelle de l'hôpital Charles-Foix d'Ivry-sur-Seine et y avait proposé trois versions d'immortalité : « Une version primaire avec transfert de la conscience dans un corps cloné standard, une version moyenne, "customisée", et une version pour millionnaire, avec un choix de cinq cents enveloppes corporelles… », Le Monde, mercredi 29 novembre 2000, p. 7.
19. Voir kronoscompany.com, qui promet « la santé optimale ».

TROISIÈME PARTIE • LE POUR ET LE CONTRE
CHAPITRE 2 • ENTRETIEN AVEC LEON KASS, L'ANTIPOSTHUMANISTE

1. J'ai joint M. Kass à Washington en janvier 2004. Il a pris sa retraite du PCoB en 2005.
2. Leon Kass, *Life, Liberty, and the Defense of Dignity: The Challenge for Bioethics*, San Francisco, Encounter Books, 2002.
3. C'est ce que des observateurs américains néoconservateurs ont appelé la génération Seinfeld, du nom de la série télévisée américaine très populaire dans les années 1990.

Table des matières

Introduction   9

PREMIÈRE PARTIE • Les quatre voies vers la posthumanité

CHAPITRE PREMIER • Robot sapiens ou notre devenir prothèse   19

CHAPITRE 2 • « Soma sapiens » ou l'homme pharmaceutique   33

CHAPITRE 3 • L'homme éternel   59

CHAPITRE 4 • Des OGM aux HGM   75

DEUXIÈME PARTIE • Que veulent-ils ? Qui sont-ils ?

CHAPITRE PREMIER • Les manifestes des partis transhumanistes   99

CHAPITRE 2 • TransVision 2004 ou le congrès des mutants   129

CHAPITRE 3 • Max et Natasha, les premiers Extropiens   157

TROISIÈME PARTIE • Le pour et le contre

CHAPITRE PREMIER • Entretien avec Nick Bostrom, le transhumaniste en chef   175

CHAPITRE 2 • Entretien avec Leon Kass, l'antiposthumaniste   189

Notes   207

Imprimé sur du papier 100 % postconsommation,
traité sans chlore.

MISE EN PAGES ET TYPOGRAPHIE :
LES ÉDITIONS DU BORÉAL

ACHEVÉ D'IMPRIMER EN OCTOBRE 2007
SUR LES PRESSES DE MARQUIS IMPRIMEUR
À CAP-SAINT-IGNACE (QUÉBEC).